DEUTSCHE AKADEMIE DER WISSENSCHAFTEN ZU BERLIN

Veröffentlichungen des Geodätischen Instituts in Potsdam

Nr. 20

TAFELN ZUR BERECHNUNG VON GAUSS-KRÜGER-KOORDINATEN AUF DEM ELLIPSOID VON KRASSOWSKI

Von

DIETRICH SCHOEPS

AKADEMIE-VERLAG · BERLIN

1962

Erschienen im Akademie-Verlag GmbH, Berlin W 8, Leipziger Straße 3—4

Lizenznummer: 202 · 100/556/62
Gesamtherstellung: VEB Druckerei „Thomas Müntzer" Bad Langensalza
Bestellnummer: 2016/20 · ES 19 C · Preis: DM 10,80

Einleitung

Die hier vorgelegten Tafeln zur Umformung geographischer Koordinaten in Gauß-Krüger-Koordinaten sind das zweite am Geodätischen Institut Potsdam für das Krassowski-Ellipsoid neuberechnete Tafelwerk. Bereits im Jahre 1943 erschien die Veröffentlichung des Geodätischen Instituts Potsdam, Neue Folge Nr. 111 von H. Boltz, die demselben Zweck diente, aber für das Ellipsoid von Bessel berechnet ist. Diese frühere Veröffentlichung war für die nunmehr vorgelegte Veröffentlichung Vorbild, im allgemeinen wurde die Anordnung der Tafeln beibehalten.

I.

Wir bezeichnen die geographischen Koordinaten eines Punktes auf dem Ellipsoid durch die geographische Breite B und die geographische Länge L. Wir führen ferner die isometrische Breite q ein.

$$q = \int_0^B \frac{M}{N \cdot \cos B} \cdot dB, \qquad (1)$$

M und N sind die Hauptkrümmungsradien der Ellipsoid-Oberfläche. In q und L haben wir ein isothermes Koordinatensystem vor uns. Wir bezeichnen weiterhin mit x und y die Gauß-Krüger-Koordinaten des gleichen Punktes nach der Projektion auf die Ebene. Auch das x - y - System ist ein isothermes Koordinatensystem, so daß wir die Beziehung aufstellen können

$$x \pm i \cdot y = f(q \pm i \cdot l). \qquad (2)$$

Hier ist l durch die Beziehung

$$l = L - L_0 \qquad (3)$$

gegeben, worin L_0 die geographische Länge des Grundmeridians ist. Die Funktion $f(q \pm i \cdot l)$ ist zu ermitteln. Wir entwickeln dazu (2) mit Hilfe einer Taylorschen Reihe und erhalten

$$x \pm iy = f(q) \pm f^{I}(q) \cdot (il) + \frac{1}{2} f^{II}(q)(il)^2 \pm \frac{1}{6} f^{III}(q)(il)^3 \ldots \qquad (4)$$

Nun ist es eine Bedingung der Gauß-Krüger-Projektion, daß ein Punkt auf dem Grundmeridian L_0 die Koordinaten

$$\begin{aligned} x &= h_0 \\ y &= 0 \end{aligned} \qquad (5)$$

erhalten muß. h_0 ist die vom Äquator gezählte Meridianbogenlänge. Damit ergibt sich für diesen Punkt

$$x = h_0 = f(q). \qquad (6)$$

Somit haben wir die Ausgangsfunktion für die Reihe (4) ermittelt. Durch fortgesetzte Differentiationen erhalten wir alle Glieder der Reihe, wobei wir aber wieder auf die ursprüngliche Breite B zurückgehen müssen. So lautet die Rechnung für $f^{I}(q)$

$$f^{I}(q) = \frac{dh_0}{dB} \cdot \frac{dB}{dq} . \qquad (7)$$

Für dh_0 haben wir die Beziehung

$$dh_0 = M \cdot dB , \qquad (8)$$

und so erhalten wir mit (1)

$$f^{I}(q) = N\cdot\cos B. \tag{9}$$

Die weiteren Differentialquotienten werden auf ähnliche Weise abgeleitet. Es ergeben sich

$$\begin{aligned}
f^{II}(q) &= -N\cdot\cos^2 B\cdot t\\
f^{III}(q) &= -N\cdot\cos^3 B\cdot(1 - t^2 + \eta^2)\\
f^{IV}(q) &= N\cdot\cos^4 B\cdot t\cdot(5 - t^2 + 9\eta^2 + 4\eta^4)\\
f^{V}(q) &= N\cdot\cos^5 B\cdot(5 - 18t^2 + t^4 + 14\eta^2 + 13\eta^4 + 4\eta^6 - 58\eta^2 t^2 - 64\eta^4 t^2 - 24\eta^6 t^2)\\
f^{VI}(q) &= N\cdot\cos^6 B\cdot(-61 + 58t^2 - t^4 - 270\eta^2 - 445\eta^4 - 324\eta^6 - 88\eta^8 + 330\eta^2 t^2 +\\
&\quad + 680\eta^4 t^2 + 600\eta^6 t^2 + 192\eta^8 t^2)\cdot t.
\end{aligned} \tag{10}$$

Im Gegensatz zu der Veröffentlichung von Boltz sind hier die höheren Ableitungen mit sämtlichen ellipsoidischen Gliedern dargestellt. Sie stimmen überein mit den bei L. Krüger, Veröff. d. Geod. Instituts Potsdam, Neue Folge 52, angegebenen Formeln. Zu den Formeln für x und y kommen wir, indem wir Formel (4) in den Realteil und Imaginärteil aufspalten. Wir erhalten so

$$\begin{aligned}
x &= h_0 + h_1\cdot l^2 + h_2\cdot l^4 + \dots\\
y &= r_1\cdot l + r_2\cdot l^3 + r_3\cdot l^5 + \dots
\end{aligned} \tag{11}$$

mit

$$\begin{aligned}
h_1 &= \tfrac{1}{2}\, N\cdot\cos^2 B\cdot t\\
h_2 &= \tfrac{1}{24}\, N\cdot\cos^4 B\cdot t\cdot(5 - t^2 + 9\eta^2 + 4\eta^4)\\
r_1 &= N\cdot\cos B\\
r_2 &= \tfrac{1}{6}\, N\cdot\cos^3 B\cdot(1 - t^2 + \eta^2)\\
r_3 &= \tfrac{1}{120}\, N\cdot\cos^5 B\cdot(5 - 18t^2 + t^4 + 14\eta^2 + 13\eta^4 + 4\eta^6 - 58\eta^2 t^2 - 64\eta^4 t^2 - 24\eta^6 t^2).
\end{aligned} \tag{12}$$

Die Formeln (11) garantieren bei Verwendung von 3° breiten Meridianstreifen eine Millimetergenauigkeit. Sie sind aber auch für 6° breite Meridianstreifen geeignet, der dann entstehende Fehler ist stets kleiner als 1 cm. In den meisten Fällen dürfte er weniger als 4 mm betragen.

II.

Die vorliegenden Tafeln sollen auch dazu dienen, die Meridiankonvergenz c und das Vergrößerungsverhältnis m zu berechnen.

Nun läßt sich für die Meridiankonvergenz c der Quotient der Koordinatendifferentiale setzen, nämlich

$$\operatorname{tg} c = -\frac{dy}{dx}, \tag{13}$$

oder auch

$$\operatorname{tg} c = \frac{-\frac{\partial y}{\partial q}}{\frac{\partial x}{\partial q}} \tag{14}$$

Gehen wir nun wieder zurück zu Formel (2), so erhalten wir für die Differentiale in (14)

$$\frac{\partial x}{\partial q} \pm i\cdot\frac{\partial y}{\partial q} = f^{I}(q \pm i\cdot l). \tag{15}$$

Wieder wird eine Taylorsche Reihe um die Stelle $q \pm i0$ entwickelt, woraus sich ergibt

$$\frac{\partial x}{\partial q} \pm i \cdot \frac{\partial y}{\partial q} = f^{I}(q) \pm f^{II}(q)(il) + \frac{1}{2} f^{III}(q)(il)^2 \pm \frac{1}{6} f^{IV}(q)(il)^3 \ldots \tag{16}$$

Trennen wir in Real- und Imaginärteil, so erhalten wir mit (14)

$$\operatorname{tg} c = \frac{-f^{II}(q) \cdot l + \frac{1}{6} f^{IV}(q) \cdot l^3 - \frac{1}{120} f^{VI}(q) \cdot l^5}{f^{I}(q) - \frac{1}{2} f^{III}(q) \cdot l^2 + \frac{1}{24} f^{V}(q) \cdot l^4} . \tag{17}$$

Die Meridiankonvergenz c ist ein kleiner Winkel, es ist daher vorteilhaft, anstatt tg c den Wert c selbst zu berechnen, was mit Hilfe der Reihe

$$c = \operatorname{tg} c - \frac{1}{3} \operatorname{tg}^3 c + \frac{1}{5} \operatorname{tg}^5 c \ldots \tag{18}$$

geschehen soll. Die Auswertung der Formeln (17) und (18) ist sehr umfangreich, sie soll deshalb hier nicht gebracht werden. Die in Formel (17) auftretenden Differentialquotienten sind durch die Formelgruppe (10) gegeben.

Aus den Umformungen ergibt sich für die Meridiankonvergenz c

$$c = n_1 \cdot l + n_2 \cdot l^3 + \ldots \tag{19}$$

mit

$$n_1 = \sin B$$

$$n_2 = \frac{1}{3} \cos^3 B \cdot t \cdot (1 + 3\eta^2 + 2\eta^4) . \tag{20}$$

Der Wert des nächsten Gliedes $n_3 \cdot l^5$ wird so klein, daß wir es für die Rechengenauigkeit von 0ʺ001 auch bei 6° breiten Streifen nicht mehr zu berücksichtigen brauchen.

Das Vergrößerungsverhältnis m ergibt sich aus dem Linienelement auf der Ellipsoidfläche ds und dem in der Abbildungsebene ds'. Es ist

$$ds^2 = N^2 \cdot \cos^2 B \cdot (dq^2 + dl^2) \tag{21}$$

$$ds'^2 = dx^2 + dy^2 .$$

Daraus ergibt sich

$$\frac{ds'^2}{ds^2} = m^2 = \frac{1}{N^2 \cdot \cos^2 B} \cdot \frac{dx^2 + dy^2}{dq^2 + dl^2} , \tag{22}$$

oder anders geschrieben

$$m^2 = \frac{1}{N^2 \cdot \cos^2 B} \cdot \frac{(dx + idy)}{(dq + idl)} \cdot \frac{(dx - idy)}{(dq - idl)} . \tag{23}$$

Dafür können wir auch schreiben

$$m^2 = \frac{1}{N^2 \cdot \cos^2 B} f^{I}(q + il) \cdot f^{I}(q - il) . \tag{24}$$

Wir setzen Taylorentwicklungen entsprechend Formel (16) an, multiplizieren sie und erhalten nach umfangreichen Umformungen als Formel für das Vergrößerungsverhältnis

$$m = 1 + m_1 \cdot l^2 + m_2 \cdot l^4 \ldots \tag{25}$$

mit

$$\begin{aligned} m_1 &= \frac{1}{2} \cos^2 B \cdot (1 + \eta^2) \\ m_2 &= \frac{1}{24} \cos^4 B \cdot (5 - 4t^2 + 14\eta^2 - 28\eta^2 t^2). \end{aligned} \tag{26}$$

III.

Für die Berechnung der Tafelwerte werden die in den Formeln (12), (20) und (26) dargestellten Koeffizienten noch so umgeformt, daß sie als Funktionen der Potenzen der 1. numerischen Exentrizität e in trigonometrischen Reihen, die nach dem Vielfachen der Breite B fortschreiten, dargestellt werden. Die in der Veröffentlichung von Boltz gegebenen Formeln wurden erneut abgeleitet, vorhandene Druckfehler sind ausgemerzt worden. Daraufhin ergibt sich jetzt:

$$\begin{aligned} h_o = a \Big\{ & (1 - \tfrac{1}{4} e^2 - \tfrac{3}{64} e^4 - \tfrac{5}{256} e^6 - \tfrac{175}{16384} e^8 - \tfrac{441}{65536} e^{10}) \tfrac{B^o}{\varrho^o} \\ & +(- \tfrac{3}{8} e^2 - \tfrac{3}{32} e^4 - \tfrac{45}{1024} e^6 - \tfrac{105}{4096} e^8 - \tfrac{2205}{131072} e^{10}) \sin 2B \\ & +(+ \tfrac{15}{256} e^4 + \tfrac{45}{1024} e^6 + \tfrac{525}{16384} e^8 + \tfrac{1575}{65536} e^{10}) \sin 4B \\ & +(- \tfrac{35}{3072} e^6 - \tfrac{175}{12288} e^8 - \tfrac{3675}{262144} e^{10}) \sin 6B \\ & +(+ \tfrac{315}{131072} e^8 + \tfrac{2205}{524288} e^{10}) \sin 8B \\ & - \tfrac{693}{1310720} e^{10} \sin 10B \Big\}, \end{aligned}$$

$$\begin{aligned} h_1 = \frac{a}{2} \Big\{ & (\tfrac{1}{2} + \tfrac{1}{8} e^2 + \tfrac{15}{256} e^4 + \tfrac{35}{1024} e^6 + \tfrac{735}{32768} e^8 + \tfrac{2079}{131072} e^{10}) \sin 2B \\ & +(- \tfrac{1}{16} e^2 - \tfrac{3}{64} e^4 - \tfrac{35}{1024} e^6 - \tfrac{105}{4096} e^8 - \tfrac{10395}{524288} e^{10}) \sin 4B \\ & +(+ \tfrac{3}{256} e^4 + \tfrac{15}{1024} e^6 + \tfrac{945}{65536} e^8 + \tfrac{3465}{262144} e^{10}) \sin 6B \\ & +(- \tfrac{5}{2048} e^6 - \tfrac{35}{8192} e^8 - \tfrac{693}{131072} e^{10}) \sin 8B \\ & +(+ \tfrac{35}{65536} e^8 + \tfrac{315}{262144} e^{10}) \sin 10B \\ & - \tfrac{63}{524288} e^{10} \sin 12B \Big\}, \end{aligned}$$

$$h_2 = \frac{a}{24}\Big\{\left(1 + \frac{25}{16}e^2 + \frac{269}{128}e^4 + \frac{2693}{1024}e^6 + \frac{51667}{16384}e^8\right) \sin 2B$$
$$+\left(\frac{3}{4} + \frac{19}{16}e^2 + \frac{421}{256}e^4 + \frac{2157}{1024}e^6 + \frac{337001}{131072}e^8\right) \sin 4B$$
$$+\left(+\frac{3}{16}e^2 + \frac{45}{128}e^4 + \frac{33}{64}e^6 + \frac{22281}{32768}e^8\right) \sin 6B$$
$$+\left(+\frac{7}{512}e^4 + \frac{59}{2048}e^6 + \frac{1435}{32768}e^8\right) \sin 8B$$
$$+\left(-\frac{1}{1024}e^6 - \frac{77}{32768}e^8\right) \sin 10B$$
$$+\frac{21}{131072}e^8 \quad \sin 12B\Big\},$$

$$r_1 = a\Big\{\left(1 + \frac{1}{8}e^2 + \frac{3}{64}e^4 + \frac{25}{1024}e^6 + \frac{245}{16384}e^8 + \frac{1323}{131072}e^{10}\right) \cos B$$
$$+\left(-\frac{1}{8}e^2 - \frac{9}{128}e^4 - \frac{45}{1024}e^6 - \frac{245}{8192}e^8 - \frac{2835}{131072}e^{10}\right) \cos 3B$$
$$+\left(+\frac{3}{128}e^4 + \frac{25}{1024}e^6 + \frac{175}{8192}e^8 + \frac{4725}{262144}e^{10}\right) \cos 5B$$
$$+\left(-\frac{5}{1024}e^6 - \frac{245}{32768}e^8 - \frac{2205}{262144}e^{10}\right) \cos 7B$$
$$+\left(+\frac{35}{32768}e^8 + \frac{567}{262144}e^{10}\right) \cos 9B$$
$$-\frac{63}{262144}e^{10}) \quad \cos 11B\Big\},$$

$$r_2 = \frac{a}{6}\Big\{\left(\frac{1}{2} + \frac{5}{8}e^2 + \frac{167}{256}e^4 + \frac{679}{1024}e^6 + \frac{21903}{32768}e^8\right) \cos B$$
$$+\left(\frac{1}{2} + \frac{3}{8}e^2 + \frac{87}{256}e^4 + \frac{331}{1024}e^6 + \frac{10287}{32768}e^8\right) \cos 3B$$
$$+\left(+\frac{1}{256}e^4 + \frac{9}{1024}e^6 + \frac{851}{65536}e^8\right) \cos 5B$$
$$+\left(+\frac{1}{256}e^4 + \frac{3}{512}e^6 + \frac{419}{65536}e^8\right) \cos 7B$$
$$+\left(-\frac{1}{1024}e^6 - \frac{129}{65536}e^8\right) \cos 9B$$
$$+\frac{15}{65536}e^8 \quad \cos 11B\Big\},$$

$$r_3 = \frac{a}{120}\Big\{(1 + \frac{47}{16} e^2 + \frac{721}{128} e^4 + \frac{9303}{1024} e^6) \cos B$$
$$+(+ \frac{5}{2} + \frac{93}{16} e^2 + \frac{663}{64} e^4 + \frac{16505}{1024} e^6) \cos 3 B$$
$$+(+ \frac{3}{2} + \frac{69}{16} e^2 + \frac{133}{16} e^4 + \frac{6925}{512} e^6) \cos 5 B$$
$$+(+ \frac{15}{16} e^2 + \frac{5}{2} e^4 + \frac{1205}{256} e^6) \cos 7 B$$
$$+(+ \frac{25}{128} e^4 + \frac{569}{1024} e^6) \cos 9 B$$
$$+ \frac{9}{1024} e^6 \cos 11 B\Big\}.$$

Auch für die Koeffizienten n_1 und n_2 sowie m_1 und m_2 können ähnliche Formeln angegeben werden:

$$n_1 = \sin B$$
$$n_2 = (\frac{1}{12} + \frac{1}{8} e'^2 + \frac{5}{96} e'^4) \sin B$$
$$+ (\frac{1}{12} + \frac{3}{16} e'^2 + \frac{3}{32} e'^4) \sin 3 B$$
$$+ (+ \frac{1}{16} e'^2 + \frac{5}{96} e'^4) \sin 5 B$$
$$+ \frac{1}{96} e'^4 \sin 7 B ,$$

$$m_1 = (\frac{1}{4} + \frac{3}{16} e'^2) + (\frac{1}{4} + \frac{1}{4} e'^2) \cos 2 B + \frac{1}{16} e'^2 \cos 4 B ,$$
$$m_2 = (\frac{11}{192} + \frac{7}{64} e'^2) + (\frac{5}{48} + \frac{91}{384} e'^2) \cos 2 B + (\frac{3}{64} + \frac{35}{192} e'^2) \cos 4 B + \frac{7}{128} e'^2 \cos 6 B.$$

Die obigen Entwicklungen gelten ganz allgemein für beliebige Ellipsoide. Unsere Tafel ist für das Ellipsoid von Krassowski berechnet, das durch die Parameter

$$a = 6\ 378\ 245 \text{ m} ,$$
$$\alpha = 1 : 298{,}3$$

gegeben ist. Die numerischen Exzentrizitäten werden dargestellt durch die Formeln

$$e^2 = 2\alpha - \alpha^2 ,$$
$$e'^2 = \frac{2\alpha - \alpha^2}{1 - 2\alpha + \alpha^2} ,$$

und das wiederum gibt die folgenden Zahlenwerte:

$$e^2 = 0{,}006\ 693\ 421\ 622\ 966$$
$$e^4 = 0{,}000\ 044\ 801\ 893\ 023$$
$$e^6 = 0{,}000\ 000\ 299\ 877\ 960$$
$$e^8 = 0{,}000\ 000\ 002\ 007\ 210$$
$$e^{10} = 0{,}000\ 000\ 000\ 013\ 435 ,$$

$$e'^2 = 0{,}006\ 738\ 525\ 4$$
$$e'^4 = 0{,}000\ 045\ 407\ 7.$$

Es gehen in die Rechnung der Längenunterschied l und seine Potenzen ein, so daß an den Zahlenwerten noch Koeffizienten angebracht werden müssen. Diese Koeffizienten lauten:

$$\frac{a}{(\rho^0)} = 111\ 321{,}375\ 748\ 87$$
$$\frac{a}{2(\rho^0)^2} = 971{,}462\ 267\ 3$$
$$\frac{a}{6(\rho^0)^3} = 5{,}651\ 738\ 4$$
$$\frac{a}{24(\rho^0)^4} = 0{,}024\ 660\ 4$$
$$\frac{a}{120(\rho^0)^5} = 0{,}000\ 086\ 1\ .$$

Damit erhalten die Formeln, die wir zur Berechnung der Tafelwerte verwendet haben, das folgende Aussehen:

$$\begin{aligned} h_0 = &+ 111\ 134{,}861\ 083\ 810\ B^0 \\ &- 16\ 036{,}480\ 269\ 4 \sin 2B \\ &+ 16{,}828\ 066\ 8 \sin 4B \\ &- 0{,}021\ 975\ 2 \sin 6B \\ &+ 0{,}000\ 031\ 1 \sin 8B\ , \end{aligned}$$

$$\begin{aligned} h_1 = &+ 486{,}546\ 494\ 9 \sin 2B \\ &- 0{,}408\ 450\ 6 \sin 4B \\ &+ 0{,}000\ 514\ 3 \sin 6B \\ &- 0{,}000\ 000\ 7 \sin 8B\ , \end{aligned}$$

$$\begin{aligned} h_2 = &+ 0{,}024\ 920\ 7 \sin 2B \\ &+ 0{,}018\ 693\ 1 \sin 4B \\ &+ 0{,}000\ 031\ 3 \sin 6B\ , \end{aligned}$$

$$\begin{aligned} r_1 = &+ 111\ 414{,}750\ 465\ 0 \cos B \\ &- 93{,}492\ 263\ 8 \cos 3B \\ &+ 0{,}117\ 712\ 2 \cos 5B \\ &- 0{,}000\ 164\ 7 \cos 7B \\ &+ 0{,}000\ 000\ 2 \cos 9B\ , \end{aligned}$$

$$\begin{aligned} r_2 = &+ 2{,}849\ 678\ 9 \cos B \\ &+ 2{,}840\ 141\ 9 \cos 3B \\ &+ 0{,}000\ 001\ 0 \cos 5B \\ &+ 0{,}000\ 001\ 0 \cos 7B\ , \end{aligned}$$

$$\begin{aligned} r_3 = &+ 0{,}000\ 087\ 795 \cos B \\ &+ 0{,}000\ 218\ 592 \cos 3B \\ &+ 0{,}000\ 131\ 639 \cos 5B \\ &+ 0{,}000\ 000\ 550 \cos 7B. \end{aligned}$$

Für die Werte n_1 und n_2 bzw. m_1 und m_2 kommen andere Koeffizienten in Anwendung. Diese lauten:

$$\frac{\rho''}{(\rho^0)} = 3600$$
$$\frac{\rho''}{(\rho^0)^3} = 1{,}096\ 622\ 71$$

$$\frac{1}{\rho''^2} = 0{,}000\ 304\ 617\ 42$$

$$\frac{1}{\rho''^4} = 0{,}000\ 000\ 092\ 792\ .$$

Damit ergeben sich folgende Rechenformeln:

$$n_1 = 3\ 600 \sin B\ ,$$

$$n_2 = +\ 0{,}092\ 311\ 5 \sin B + 0{,}092\ 775\ 4 \sin 3B + 0{,}000\ 464\ 4 \sin 5B + 0{,}000\ 000\ 5 \sin 7B\ ,$$

$$m_1 = +\ 0{,}000\ 076\ 539\ 230 + 0{,}000\ 076\ 667\ 523 \cos 2B + 0{,}000\ 000\ 128\ 293 \cos 4B\ ,$$

$$m_2 = +\ 0{,}000\ 000\ 005\ 385 + 0{,}000\ 000\ 009\ 814 \cos 2B + 0{,}000\ 000\ 004\ 464 \cos 4B + 0{,}000\ 000\ 000\ 034 \cos 6B\ .$$

IV.

Bei der Festlegung des Intervalls der Tafelwerte sind wir von der Forderung ausgegangen, daß auch für die größten Werte eine lineare Interpolation möglich sein sollte. Das sind in unserem Falle die Werte h_0 und r_1. Es ergab sich, daß bei einem Abstand der Tafelwerte von 10" die lineare Interpolation ausreichend ist. Da die Veröffentlichung von Boltz nur für 3° breite Meridianstreifen gedacht ist, unsere Tafel aber auch für 6° breite Streifen Verwendung finden soll, werden verschiedene Tafelwerte mit 4 und 5 Dezimalen gegeben, während bei Boltz alle Werte der Haupttafel einheitlich mit 3 Dezimalen dargestellt sind.

Die Berechnung der Grundwerte nach den obigen Formeln wurde durchweg mit einigen Dezimalen mehr als notwendig durchgeführt, um Ungenauigkeiten durch die folgende Interpolation aus dem Wege zu gehen. Die Interpolationen wurden nach der Stirlingschen Formel durchgeführt. Die numerischen Werte der Winkelfunktionen wurden der Tafel von Křovák, 12-stellige Tafeln der trigonometrischen Funktionen, entnommen.

In der Haupttafel, die die Werte r_1, r_2, h_0, h_1, h_2 sowie n_1 und n_2 enthält, wurden stets wiederkehrende erste Ziffern abgespalten und an den Kopf und den Fuß der Spalte gesetzt. Der Hinweis auf die Änderung der letzten Ziffer der abgespaltenen Zahlen erfolgt durch das Zeichen ^. Alle Tafelwerte, vor denen das Zeichen ^ steht, müssen mit den abgespalteten Zahlen, denen das Zeichen ^ ebenfalls vorgesetzt ist, vereinigt werden, um den richtigen Tabellenwert zu erhalten.

V.

Während früher in Deutschland fast ausnahmslos 3° breite Meridianstreifen verwendet wurden, ist man in letzter Zeit, hauptsächlich für kartographische Zwecke, auch zur Darstellung der Koordinaten in 6° breiten Meridianstreifen übergegangen. Die Kennziffern, die am y-Wert anzubringen sind, lassen sich aus einfachen Formeln ermitteln, und zwar ist die Kennziffer k für 3°-Streifen $\quad k = \frac{1}{3} L_0$,

für 6°-Streifen $\quad k = \frac{1}{6} (L_0 + 3)$.

Für die Mittelmeridiane im 3°-Streifen-System $L_0 = 9^\circ$, $L_0 = 12^\circ$ und $L_0 = 15^\circ$ haben wir also die Kennziffern 3, 4 und 5, für die Mittelmeridiane $L_0 = 9^\circ$ und $L_0 = 15^\circ$ haben wir im 6°-Streifensystem die Kennziffern 2 und 3.

Damit die Ordinaten stets positiv erhalten werden, sind den Werten Δy außerdem 500 000 m zuzufügen. Ein Rechenbeispiel soll die Handhabung der Tafeln erläutern.

Rechenformeln:

$$l^\circ = L - L_0,$$
$$x = h_0 + h_1 l^{\circ 2} + h_2 l^{\circ 4},$$
$$y = r_1 l^\circ + r_2 l^{\circ 3} + r_3 l^{\circ 5} + k + 500\,000 = \Delta y + k + 500\,000,$$
$$c = n_1 l^\circ + n_2 l^{\circ 3}$$
$$m = 1 + m_1 l^{\circ 2} + m_2 l^{\circ 4}$$

Gegeben ist ein Punkt mit den geographischen Koordinaten B und L, gesucht sind die Gauß-Krüger-Koordinaten dieses Punktes im 3° breiten Streifensystem, die Meridiankonvergenz c und das Vergrößerungsverhältnis m.

$$B = 52^\circ\ 28'\ 15''072$$
$$L = 12^\circ\ 55'\ 38''248$$

$L = 12^\circ\ 55'\ 38''248$
$L_0 = 12^\circ$ $\quad$ (k = 4)

l	$= + 0^\circ\ 55'\ 38''248$	r_1	$= + 67\,956{,}264$	n_1	$= + 2\,854{,}957$
l°	$= + 0{,}9272\ 9111$	r_2	$= - 0{,}886\ 4$	n_2	$= + 0{,}108\ 4$
$l^{\circ 2}$	$= + 0{,}8598\ 688$	r_3	$= - 0{,}000\ 17$	m_1	$= + 0{,}000\ 056\ 660$
$l^{\circ 3}$	$= + 0{,}7973$	h_1	$= + 470{,}298\ 9$	m_2	$= - 0{,}000\ 000\ 000\ 99$
$l^{\circ 4}$	$= + 0{,}739$	h_2	$= + 0{,}014\ 74$		
$l^{\circ 5}$	$= + 0{,}69$				

h_0	$= + 5\,815\,838{,}363$	$r_1 l^\circ$	$= + 63\,015{,}239$	$n_1 l^\circ$	$= + 2\,647{,}376$	$m_1 l^{\circ 2}$	$= + 0{,}000\ 048\ 72$
$h_1 l^{\circ 2}$	$= + 404{,}395$	$r_2 l^{\circ 3}$	$= - 0{,}707$	$n_2 l^{\circ 3}$	$= + 0{,}086$	$m_2 l^{\circ 4}$	$= - 0$
$h_2 l^{\circ 4}$	$= + 0{,}011$	$r_3 l^{\circ 5}$	$= - 0{,}000$	c	$= + 2\,647''462$	m	$= + 1{,}000\ 048\ 72$
x	$= + 5\,816\,242{,}769$	Δy	$= + 63\,014{,}532$	c	$= + 44'07''462$		
		$k + 500\,000$	$= 4\,500\,000$				
		y	$= +4\,563\,014{,}532$				

Gegeben ist der gleiche Punkt mit den geographischen Koordinaten B und L, gesucht sind die Gauß-Krüger-Koordinaten dieses Punktes im 6° breiten Meridianstreifen, die Meridiankonvergenz c und das Vergrößerungsverhältnis m.

$$B = 52^\circ\ 28'\ 15'',072$$
$$L = 12^\circ\ 55'\ 38'',248$$

$L = 12^\circ\ 55'\ 38'',248$	
$L_0 = 15^\circ$	$(k = 3)$

$l = -\ 2^\circ\ 04'\ 21'',752$	$r_1 = +\ 67\ 956,264$	$n_1 = +\ 2\ 854,957$
$l^\circ = -\ 2,0727\ 0889$	$r_2 = -\ 0,886\ 4$	$n_2 = +\ 0,108\ 4$
$l^{o2} = +\ 4,2961\ 221$	$r_3 = -\ 0,000\ 17$	$m_1 = +\ 0,000\ 056\ 660$
$l^{o3} = -\ 8,9046\ 1$	$h_1 = +\ 470,298\ 9$	$m_2 = -\ 0,000\ 000\ 000\ 99$
$l^{o4} = +\ 18,457$	$h_2 = +\ 0,014\ 74$	
$l^{o5} = -\ 38,26$		

$h_0 = +\ 5\ 815\ 838,363$	$r_1 l^\circ = -\ 140\ 853,553$	$n_1 l^\circ = -\ 5\ 917,495$	$m_1 l^{o2} = +\ 0,000\ 243\ 42$
$h_1 l^{o2} = +\ 2\ 020,461$	$r_2 l^{o3} = +\ 7,893$	$n_2 l^3 = -\ 0,965$	$m_2 l^{o4} = -\ 0,000\ 000\ 02$
$h_2 l^{o4} = +\ 0,272$	$r_3 l^{o5} = +\ 0,007$	$c = -\ 5\ 918,460$	$m = +\ 1,000\ 243\ 40$
$x = +\ 5\ 816\ 242,769$	$\Delta y = -\ 140\ 845,347$	$c = -\ 1^\circ 38' 38'',460$	
	$k + 500\ 000 = 3\ 500\ 000$		
	$y = +3\ 359\ 154,347$		

VI.

Durch die obigen Zahlenbeispiele dürfte die Anwendung der Tafel hinreichend erklärt sein. Die im Teil I und II gebrachten theoretischen Grundlagen der Gauß-Krüger-Koordinaten sind sehr kurz gehalten. Sie sollen nur den Weg zeigen, wie wir zu den Tafelwerten und der Anwendung der Tafel kommen, aber nicht eine erschöpfende Darstellung der Gauß-Krüger-Koordinaten geben. Dem dafür interessierten Leser seien spezielle Lehrbücher über diesen Stoff anempfohlen.

Die erneuten Ableitungen der Rechenformeln und die Berechnung der Mehrzahl der Grundwerte für die Interpolation wurden von mir selbst durchgeführt. An den Interpolationsrechnungen, Rechenkontrollen, Fertigung und Korrekturen des Manuskriptes waren die Rechnerinnen und Rechner der Abteilung, Herr Herrmann, Herr Scheil und Fräulein Herrmann beteiligt. Frau Kramp fertigte mit großer Sorgfalt die Reinschrift. Ihnen allen sei hiermit für ihre Arbeit gedankt.

D. Schoeps

45°

'	"	3,810	3	308,705	1	0	0,124	0	'	"
		r_1	r_2	h_0	h_1	h_2	n_1	n_2		
		+ 78		+ 49	+ 486,	+	+ 254	+		
0	0	848,151	+ 0,0067	85 032,290	5460	0,024 89	5,584	0,1305	0	0
	10	844,341	+ 0,0064	85 340,995	5461	0,024 89	5,708	0,1305		10
	20	840,531	+ 0,0060	85 649,700	5461	0,024 88	5,831	0,1305		20
	30	836,721	+ 0,0056	85 958,405	5462	0,024 88	5,955	0,1305		30
	40	832,910	+ 0,0052	86 267,110	5463	0,024 87	6,078	0,1305		40
	50	829,100	+ 0,0048	86 575,816	5463	0,024 87	6,201	0,1305		50
1	0	825,289	+ 0,0044	86 884,521	5464	0,024 87	6,325	0,1305	1	0
	10	821,478	+ 0,0040	87 193,227	5464	0,024 86	6,448	0,1305		10
	20	817,667	+ 0,0036	87 501,933	5465	0,024 86	6,572	0,1305		20
	30	813,855	+ 0,0032	87 810,639	5465	0,024 86	6,695	0,1305		30
	40	810,044	+ 0,0028	88 119,345	5465	0,024 85	6,818	0,1305		40
	50	806,232	+ 0,0025	88 428,051	5466	0,024 85	6,942	0,1305		50
2	0	802,420	+ 0,0021	88 736,758	5466	0,024 85	7,065	0,1305	2	0
	10	798,608	+ 0,0017	89 045,464	5466	0,024 84	7,188	0,1305		10
	20	794,795	+ 0,0013	89 354,171	5466	0,024 84	7,312	0,1305		20
	30	790,983	+ 0,0009	89 662,878	5467	0,024 83	7,435	0,1305		30
	40	787,170	+ 0,0005	89 971,585	5467	0,024 83	7,558	0,1304		40
	50	783,357	+ 0,0001	90 280,292	5467	0,024 83	7,682	0,1304		50
3	0	779,544	− 0,0003	90 588,999	5467	0,024 82	7,805	0,1304	3	0
	10	775,731	− 0,0007	90 897,707	5467	0,024 82	7,928	0,1304		10
	20	771,917	− 0,0010	91 206,414	5466	0,024 82	8,051	0,1304		20
	30	768,104	− 0,0014	91 515,122	5466	0,024 81	8,175	0,1304		30
	40	764,290	− 0,0018	91 823,830	5466	0,024 81	8,298	0,1304		40
	50	760,476	− 0,0022	92 132,538	5466	0,024 81	8,421	0,1304		50
4	0	756,662	− 0,0026	92 441,246	5466	0,024 80	8,545	0,1304	4	0
	10	752,847	− 0,0030	92 749,955	5465	0,024 80	8,668	0,1304		10
	20	749,033	− 0,0034	93 058,663	5465	0,024 79	8,791	0,1304		20
	30	745,218	− 0,0038	93 367,372	5465	0,024 79	8,914	0,1304		30
	40	741,403	− 0,0042	93 676,081	5464	0,024 79	9,038	0,1304		40
	50	737,588	− 0,0045	93 984,790	5464	0,024 78	9,161	0,1304		50
5	0	733,772	− 0,0049	94 293,499	5463	0,024 78	9,284	0,1304	5	0
	10	729,957	− 0,0053	94 602,208	5462	0,024 78	9,407	0,1303		10
	20	726,141	− 0,0057	94 910,918	5462	0,024 77	9,531	0,1303		20
	30	722,325	− 0,0061	95 219,627	5461	0,024 77	9,654	0,1303		30
	40	718,509	− 0,0065	95 528,337	5460	0,024 77	9,777	0,1303		40
	50	714,693	− 0,0069	95 837,047	5460	0,024 76	9,900	0,1303		50
6	0	710,877	− 0,0073	96 145,757	5459	0,024 76	^0,023	0,1303	6	0
	10	707,060	− 0,0077	96 454,467	5458	0,024 75	^0,147	0,1303		10
	20	703,243	− 0,0080	96 763,177	5457	0,024 75	^0,270	0,1303		20
	30	699,426	− 0,0084	97 071,888	5456	0,024 75	^0,393	0,1303		30
	40	695,609	− 0,0088	97 380,598	5455	0,024 74	^0,516	0,1303		40
	50	691,792	− 0,0092	97 689,309	5454	0,024 74	^0,639	0,1303		50
7	0	687,974	− 0,0096	97 998,020	5453	0,024 74	^0,762	0,1303	7	0
	10	684,156	− 0,0100	98 306,731	5452	0,024 73	^0,886	0,1303		10
	20	680,338	− 0,0104	98 615,443	5450	0,024 73	^1,009	0,1303		20
	30	676,520	− 0,0108	98 924,154	5449	0,024 73	^1,132	0,1303		30
	40	672,702	− 0,0111	99 232,865	5448	0,024 72	^1,255	0,1302		40
	50	668,883	− 0,0115	99 541,577	5447	0,024 72	^1,378	0,1302		50
8	0	665,065	− 0,0119	99 850,289	5445	0,024 72	^1,501	0,1302	8	0
	10	661,246	− 0,0123	^00 159,001	5444	0,024 71	^1,624	0,1302		10
	20	657,427	− 0,0127	^00 467,713	5442	0,024 71	^1,748	0,1302		20
	30	653,607	− 0,0131	^00 776,425	5441	0,024 70	^1,871	0,1302		30
	40	649,788	− 0,0135	^01 085,138	5439	0,024 70	^1,994	0,1302		40
	50	645,968	− 0,0139	^01 393,850	5438	0,024 70	^2,117	0,1302		50
9	0	642,149	− 0,0142	^01 702,563	5436	0,024 69	^2,240	0,1302	9	0
	10	638,329	− 0,0146	^02 011,276	5434	0,024 69	^2,363	0,1302		10
	20	634,508	− 0,0150	^02 319,989	5432	0,024 69	^2,486	0,1302		20
	30	630,688	− 0,0154	^02 628,702	5431	0,024 68	^2,609	0,1302		30
	40	626,868	− 0,0158	^02 937,416	5429	0,024 68	^2,732	0,1302		40
	50	623,047	− 0,0162	^03 246,129	5427	0,024 67	^2,855	0,1302		50
10	0	619,226	− 0,0166	^03 554,843	5425	0,024 67	^2,978	0,1302	10	0
		+ 78		^+ 50	+ 486,	+	^+ 255	+		
'	"	3,821	4	308,714	2	0	0,123	0	'	"

$r_3 = -\ 0{,}000\ 19$

45^0

'	"	3,821	4	308,714	2	0	0,123	0	'	"
		r_1	r_2	h_0	h_1	h_2	n_1	n_2		
		+ 78	–	+ 50	+ 486,	+	+ 255	+		
10	0	619,226	0,0166	03 554,843	5425	0,024 67	2,978	0,1302	10	0
	10	615,405	0,0170	03 863,557	5423	0,024 67	3,101	0,1302		10
	20	611,584	0,0174	04 172,271	5421	0,024 66	3,225	0,1301		20
	30	607,762	0,0177	04 480,985	5419	0,024 66	3,348	0,1301		30
	40	603,940	0,0181	04 789,699	5417	0,024 66	3,471	0,1301		40
	50	600,119	0,0185	05 098,413	5415	0,024 65	3,594	0,1301		50
11	0	596,297	0,0189	05 407,128	5412	0,024 65	3,717	0,1301	11	0
	10	592,474	0,0193	05 715,843	5410	0,024 65	3,840	0,1301		10
	20	588,652	0,0197	06 024,558	5408	0,024 64	3,963	0,1301		20
	30	584,829	0,0201	06 333,273	5406	0,024 64	4,086	0,1301		30
	40	581,007	0,0204	06 641,988	5403	0,024 63	4,209	0,1301		40
	50	577,184	0,0208	06 950,703	5401	0,024 63	4,332	0,1301		50
12	0	573,360	0,0212	07 259,419	5398	0,024 63	4,455	0,1301	12	0
	10	569,537	0,0216	07 568,134	5396	0,024 62	4,578	0,1301		10
	20	565,714	0,0220	07 876,850	5393	0,024 62	4,701	0,1301		20
	30	561,890	0,0224	08 185,566	5391	0,024 62	4,824	0,1301		30
	40	558,066	0,0228	08 494,282	5388	0,024 61	4,947	0,1301		40
	50	554,242	0,0232	08 802,998	5385	0,024 61	5,069	0,1300		50
13	0	550,418	0,0235	09 111,714	5382	0,024 61	5,192	0,1300	13	0
	10	546,593	0,0239	09 420,431	5380	0,024 60	5,315	0,1300		10
	20	542,769	0,0243	09 729,148	5377	0,024 60	5,438	0,1300		20
	30	538,944	0,0247	10 037,864	5374	0,024 59	5,561	0,1300		30
	40	535,119	0,0251	10 346,581	5371	0,024 59	5,684	0,1300		40
	50	531,294	0,0255	10 655,299	5368	0,024 59	5,807	0,1300		50
14	0	527,468	0,0259	10 964,016	5365	0,024 58	5,930	0,1300	14	0
	10	523,643	0,0263	11 272,733	5362	0,024 58	6,053	0,1300		10
	20	519,817	0,0266	11 581,451	5359	0,024 58	6,176	0,1300		20
	30	515,991	0,0270	11 890,169	5356	0,024 57	6,299	0,1300		30
	40	512,165	0,0274	12 198,886	5352	0,024 57	6,422	0,1300		40
	50	508,339	0,0278	12 507,604	5349	0,024 57	6,544	0,1300		50
15	0	504,512	0,0282	12 816,323	5346	0,024 56	6,667	0,1300	15	0
	10	500,685	0,0286	13 125,041	5342	0,024 56	6,790	0,1300		10
	20	496,858	0,0290	13 433,759	5339	0,024 55	6,913	0,1299		20
	30	493,031	0,0293	13 742,478	5336	0,024 55	7,036	0,1299		30
	40	489,204	0,0297	14 051,197	5332	0,024 55	7,159	0,1299		40
	50	485,377	0,0301	14 359,916	5329	0,024 54	7,282	0,1299		50
16	0	481,549	0,0305	14 668,635	5325	0,024 54	7,404	0,1299	16	0
	10	477,721	0,0309	14 977,354	5321	0,024 54	7,527	0,1299		10
	20	473,893	0,0313	15 286,074	5318	0,024 53	7,650	0,1299		20
	30	470,065	0,0317	15 594,793	5314	0,024 53	7,773	0,1299		30
	40	466,237	0,0320	15 903,513	5310	0,024 53	7,896	0,1299		40
	50	462,408	0,0324	16 212,233	5306	0,024 52	8,019	0,1299		50
17	0	458,580	0,0328	16 520,953	5303	0,024 52	8,141	0,1299	17	0
	10	454,751	0,0332	16 829,673	5299	0,024 51	8,264	0,1299		10
	20	450,922	0,0336	17 138,393	5295	0,024 51	8,387	0,1299		20
	30	447,092	0,0340	17 447,113	5291	0,024 51	8,510	0,1299		30
	40	443,263	0,0344	17 755,834	5287	0,024 50	8,633	0,1299		40
	50	439,433	0,0347	18 064,555	5283	0,024 50	8,755	0,1298		50
18	0	435,603	0,0351	18 373,276	5279	0,024 50	8,878	0,1298	18	0
	10	431,773	0,0355	18 681,997	5274	0,024 49	9,001	0,1298		10
	20	427,943	0,0359	18 990,718	5270	0,024 49	9,124	0,1298		20
	30	424,113	0,0363	19 299,439	5266	0,024 49	9,246	0,1298		30
	40	420,282	0,0367	19 608,161	5262	0,024 48	9,369	0,1298		40
	50	416,451	0,0371	19 916,882	5257	0,024 48	9,492	0,1298		50
19	0	412,620	0,0374	20 225,604	5253	0,024 47	9,615	0,1298	19	0
	10	408,789	0,0378	20 534,326	5248	0,024 47	9,737	0,1298		10
	20	404,958	0,0382	20 843,048	5244	0,024 47	9,860	0,1298		20
	30	401,127	0,0386	21 151,770	5239	0,024 46	9,983	0,1298		30
	40	397,295	0,0390	21 460,493	5235	0,024 46	^0,105	0,1298		40
	50	393,463	0,0394	21 769,215	5230	0,024 46	^0,228	0,1298		50
20	0	389,631	0,0398	22 077,938	5225	0,024 45	^0,351	0,1298	20	0
		+ 78	–	+ 50	+ 486,	+	^+ 256	+		
'	"	3,832	4	308,723	5	1	0,123	0	'	"

$r_3 = -\ 0{,}000\ 19$

45°

'	"	r_1	r_2	h_0	h_1	h_2	n_1	n_2	'	"
		3,832	3	308,723	4	0	0,123	0		
		+ 78	−	+ 50	+ 486,	+	+ 256	+		
20	0	389,631	0,0398	22 077,938	5225	0,024 45	0,351	0,1298	20	0
	10	385,799	0,0401	22 386,661	5221	0,024 45	0,474	0,1298		10
	20	381,966	0,0405	22 695,384	5216	0,024 45	0,596	0,1297		20
	30	378,134	0,0409	23 004,107	5211	0,024 44	0,719	0,1297		30
	40	374,301	0,0413	23 312,830	5206	0,024 44	0,842	0,1297		40
	50	370,468	0,0417	23 621,554	5201	0,024 43	0,964	0,1297		50
21	0	366,635	0,0421	23 930,278	5196	0,024 43	1,087	0,1297	21	0
	10	362,801	0,0425	24 239,001	5191	0,024 43	1,210	0,1297		10
	20	358,968	0,0428	24 547,725	5186	0,024 42	1,332	0,1297		20
	30	355,134	0,0432	24 856,449	5181	0,024 42	1,455	0,1297		30
	40	351,300	0,0436	25 165,173	5176	0,024 42	1,577	0,1297		40
	50	347,466	0,0440	25 473,898	5171	0,024 41	1,700	0,1297		50
22	0	343,632	0,0444	25 782,622	5166	0,024 41	1,823	0,1297	22	0
	10	339,797	0,0448	26 091,347	5161	0,024 41	1,945	0,1297		10
	20	335,963	0,0451	26 400,072	5155	0,024 40	2,068	0,1297		20
	30	332,128	0,0455	26 708,797	5150	0,024 40	2,191	0,1297		30
	40	328,293	0,0459	27 017,522	5144	0,024 39	2,313	0,1297		40
	50	324,457	0,0463	27 326,247	5139	0,024 39	2,436	0,1296		50
23	0	320,622	0,0467	27 634,973	5134	0,024 39	2,558	0,1296	23	0
	10	316,786	0,0471	27 943,698	5128	0,024 38	2,681	0,1296		10
	20	312,951	0,0475	28 252,424	5122	0,024 38	2,804	0,1296		20
	30	309,115	0,0478	28 561,150	5117	0,024 38	2,926	0,1296		30
	40	305,279	0,0482	28 869,876	5111	0,024 37	3,049	0,1296		40
	50	301,442	0,0486	29 178,602	5105	0,024 37	3,171	0,1296		50
24	0	297,606	0,0490	29 487,328	5100	0,024 36	3,294	0,1296	24	0
	10	293,769	0,0494	29 796,055	5094	0,024 36	3,416	0,1296		10
	20	289,932	0,0498	30 104,781	5088	0,024 36	3,539	0,1296		20
	30	286,095	0,0501	30 413,508	5082	0,024 35	3,661	0,1296		30
	40	282,258	0,0505	30 722,235	5076	0,024 35	3,784	0,1296		40
	50	278,420	0,0509	31 030,962	5070	0,024 35	3,906	0,1296		50
25	0	274,583	0,0513	31 339,689	5064	0,024 34	4,029	0,1296	25	0
	10	270,745	0,0517	31 648,417	5058	0,024 34	4,151	0,1296		10
	20	266,907	0,0521	31 957,144	5052	0,024 34	4,274	0,1295		20
	30	263,069	0,0524	32 265,872	5046	0,024 33	4,396	0,1295		30
	40	259,230	0,0528	32 574,600	5039	0,024 33	4,519	0,1295		40
	50	255,392	0,0532	32 883,328	5033	0,024 32	4,641	0,1295		50
26	0	251,553	0,0536	33 192,056	5027	0,024 32	4,764	0,1295	26	0
	10	247,714	0,0540	33 500,784	5020	0,024 32	4,886	0,1295		10
	20	243,875	0,0544	33 809,513	5014	0,024 31	5,009	0,1295		20
	30	240,036	0,0548	34 118,241	5008	0,024 31	5,131	0,1295		30
	40	236,196	0,0551	34 426,970	5001	0,024 31	5,254	0,1295		40
	50	232,357	0,0555	34 735,699	4994	0,024 30	5,376	0,1295		50
27	0	228,517	0,0559	35 044,428	4988	0,024 30	5,499	0,1295	27	0
	10	224,677	0,0563	35 353,157	4981	0,024 30	5,621	0,1295		10
	20	220,837	0,0567	35 661,886	4975	0,024 29	5,744	0,1295		20
	30	216,996	0,0571	35 970,616	4968	0,024 29	5,866	0,1295		30
	40	213,156	0,0574	36 279,345	4961	0,024 28	5,988	0,1295		40
	50	209,315	0,0578	36 588,075	4954	0,024 28	6,111	0,1294		50
28	0	205,474	0,0582	36 896,805	4947	0,024 28	6,233	0,1294	28	0
	10	201,633	0,0586	37 205,535	4940	0,024 27	6,356	0,1294		10
	20	197,791	0,0590	37 514,265	4933	0,024 27	6,478	0,1294		20
	30	193,950	0,0594	37 822,996	4926	0,024 27	6,600	0,1294		30
	40	190,108	0,0597	38 131,726	4919	0,024 26	6,723	0,1294		40
	50	186,266	0,0601	38 440,457	4912	0,024 26	6,845	0,1294		50
29	0	182,424	0,0605	38 749,188	4905	0,024 26	6,968	0,1294	29	0
	10	178,582	0,0609	39 057,919	4898	0,024 25	7,090	0,1294		10
	20	174,740	0,0613	39 366,650	4891	0,024 25	7,212	0,1294		20
	30	170,897	0,0617	39 675,381	4883	0,024 24	7,335	0,1294		30
	40	167,054	0,0620	39 984,113	4876	0,024 24	7,457	0,1294		40
	50	163,211	0,0624	40 292,844	4869	0,024 24	7,579	0,1294		50
30	0	159,368	0,0628	40 601,576	4861	0,024 23	7,702	0,1294	30	0
		+ 78	−	+ 50	+ 486,	+	+ 256	+		
'	"	3,843	4	308,732	8	1	0,123	0	'	"

$r_3 = -0{,}000\ 19$

45°

'	"	3,843	4	308,732	7	0	0,122	0	'	"
		r_1	r_2	h_0	h_1	h_2	n_1	n_2		
		+ 78	–	+ 50	+ 486,	+	^+ 256	+		
30	0	159,368	0,0628	40 601,576	4861	0,024 23	^7,702	0,1294	30	0
	10	155,525	0,0632	40 910,308	4854	0,024 23	^7,824	0,1294		10
	20	151,681	0,0636	41 219,040	4846	0,024 23	^7,946	0,1293		20
	30	147,837	0,0639	41 527,772	4839	0,024 22	^8,069	0,1293		30
	40	143,993	0,0643	41 836,505	4831	0,024 22	^8,191	0,1293		40
	50	140,149	0,0647	42 145,237	4824	0,024 21	^8,313	0,1293		50
31	0	136,305	0,0651	42 453,970	4816	0,024 21	^8,435	0,1293	31	0
	10	132,461	0,0655	42 762,703	4808	0,024 21	^8,558	0,1293		10
	20	128,616	0,0659	43 071,436	4800	0,024 20	^8,680	0,1293		20
	30	124,771	0,0662	43 380,169	4792	0,024 20	^8,802	0,1293		30
	40	120,926	0,0666	43 688,902	4785	0,024 20	^8,925	0,1293		40
	50	117,081	0,0670	43 997,635	4777	0,024 19	^9,047	0,1293		50
32	0	113,235	0,0674	44 306,369	4769	0,024 19	^9,169	0,1293	32	0
	10	109,390	0,0678	44 615,103	4761	0,024 19	^9,291	0,1293		10
	20	105,544	0,0682	44 923,836	4753	0,024 18	^9,414	0,1293		20
	30	101,698	0,0685	45 232,570	4745	0,024 18	^9,536	0,1293		30
	40	097,852	0,0689	45 541,305	4736	0,024 17	^9,658	0,1293		40
	50	094,006	0,0693	45 850,039	4728	0,024 17	^9,780	0,1292		50
33	0	090,159	0,0697	46 158,773	4720	0,024 17	^9,903	0,1292	33	0
	10	086,313	0,0701	46 467,508	4712	0,024 16	0,025	0,1292		10
	20	082,466	0,0704	46 776,243	4703	0,024 16	0,147	0,1292		20
	30	078,619	0,0708	47 084,978	4695	0,024 16	0,269	0,1292		30
	40	074,771	0,0712	47 393,713	4687	0,024 15	0,391	0,1292		40
	50	070,924	0,0716	47 702,448	4678	0,024 15	0,514	0,1292		50
34	0	067,076	0,0720	48 011,183	4670	0,024 15	0,636	0,1292	34	0
	10	063,229	0,0724	48 319,919	4661	0,024 14	0,758	0,1292		10
	20	059,381	0,0727	48 628,654	4652	0,024 14	0,880	0,1292		20
	30	055,532	0,0731	48 937,390	4644	0,024 13	1,002	0,1292		30
	40	051,684	0,0735	49 246,126	4635	0,024 13	1,125	0,1292		40
	50	047,835	0,0739	49 554,862	4626	0,024 13	1,247	0,1292		50
35	0	043,987	0,0743	49 863,599	4617	0,024 12	1,369	0,1292	35	0
	10	040,138	0,0747	50 172,335	4609	0,024 12	1,491	0,1292		10
	20	036,289	0,0750	50 481,072	4600	0,024 12	1,613	0,1291		20
	30	032,439	0,0754	50 789,808	4591	0,024 11	1,735	0,1291		30
	40	028,590	0,0758	51 098,545	4582	0,024 11	1,857	0,1291		40
	50	024,740	0,0762	51 407,282	4573	0,024 10	1,980	0,1291		50
36	0	020,891	0,0766	51 716,019	4564	0,024 10	2,102	0,1291	36	0
	10	017,041	0,0769	52 024,757	4555	0,024 10	2,224	0,1291		10
	20	013,190	0,0773	52 333,494	4546	0,024 09	2,346	0,1291		20
	30	009,340	0,0777	52 642,232	4536	0,024 09	2,468	0,1291		30
	40	005,489	0,0781	52 950,970	4527	0,024 09	2,590	0,1291		40
	50	001,639	0,0785	53 259,708	4518	0,024 08	2,712	0,1291		50
37	0	^997,788	0,0788	53 568,446	4508	0,024 08	2,834	0,1291	37	0
	10	^993,937	0,0792	53 877,184	4499	0,024 08	2,956	0,1291		10
	20	^990,085	0,0796	54 185,922	4490	0,024 07	3,078	0,1291		20
	30	^986,234	0,0800	54 494,661	4480	0,024 07	3,200	0,1291		30
	40	^982,382	0,0804	54 803,400	4471	0,024 06	3,322	0,1290		40
	50	^978,530	0,0808	54 112,138	4461	0,024 06	3,445	0,1290		50
38	0	^974,678	0,0811	55 420,877	4451	0,024 06	3,567	0,1290	38	0
	10	^970,826	0,0815	55 729,616	4442	0,024 05	3,689	0,1290		10
	20	^966,974	0,0819	56 038,356	4432	0,024 05	3,811	0,1290		20
	30	^963,121	0,0823	56 347,095	4422	0,024 05	3,933	0,1290		30
	40	^959,268	0,0827	56 655,835	4413	0,024 04	4,055	0,1290		40
	50	^955,415	0,0830	56 964,575	4403	0,024 04	4,177	0,1290		50
39	0	^951,562	0,0834	57 273,314	4393	0,024 03	4,299	0,1290	39	0
	10	^947,709	0,0838	57 582,054	4383	0,024 03	4,421	0,1290		10
	20	^943,855	0,0842	57 890,795	4373	0,024 03	4,543	0,1290		20
	30	^940,001	0,0846	58 199,535	4363	0,024 02	4,665	0,1290		30
	40	^936,148	0,0849	58 508,275	4353	0,024 02	4,787	0,1290		40
	50	^932,293	0,0853	58 817,016	4343	0,024 02	4,909	0,1290		50
40	0	^928,439	0,0857	59 125,757	4332	0,024 01	5,031	0,1290	40	0
		^+ 77	–	+ 50	+ 486,	+	+ 257	+		
'	"	3,854	4	308,741	11	1	0,122	0	'	"

$r_3 = -\ 0{,}000\ 19$

45°

'	"	3,854	4	308,741	10	0	0,122	1	'	"
		r_1	r_2	h_0	h_1	h_2	n_1	n_2		
		+ 77	–	+ 50	+ 486,	+	+ 257	+		
40	0	928,439	0,0857	59 125,757	4332	0,024 01	5,031	0,1290	40	0
	10	924,585	0,0861	59 434,498	4322	0,024 01	5,153	0,1289		10
	20	920,730	0,0865	59 743,239	4312	0,024 01	5,275	0,1289		20
	30	916,875	0,0868	60 051,980	4302	0,024 00	5,397	0,1289		30
	40	913,020	0,0872	60 360,722	4291	0,024 00	5,518	0,1289		40
	50	909,165	0,0876	60 669,463	4281	0,023 99	5,640	0,1289		50
41	0	905,310	0,0880	60 978,205	4271	0,023 99	5,762	0,1289	41	0
	10	901,454	0,0884	61 286,947	4260	0,023 99	5,884	0,1289		10
	20	897,599	0,0887	61 595,689	4250	0,023 98	6,006	0,1289		20
	30	893,743	0,0891	61 904,431	4239	0,023 98	6,128	0,1289		30
	40	889,886	0,0895	62 213,173	4228	0,023 98	6,250	0,1289		40
	50	886,030	0,0899	62 521,916	4218	0,023 97	6,372	0,1289		50
42	0	882,174	0,0903	62 830,658	4207	0,023 97	6,494	0,1289	42	0
	10	878,317	0,0906	63 139,401	4196	0,023 97	6,616	0,1289		10
	20	874,460	0,0910	63 448,144	4185	0,023 96	6,738	0,1289		20
	30	870,603	0,0914	63 756,887	4175	0,023 96	6,860	0,1289		30
	40	866,746	0,0918	64 065,630	4164	0,023 95	6,981	0,1288		40
	50	862,889	0,0922	64 374,373	4153	0,023 95	7,103	0,1288		50
43	0	859,031	0,0925	64 683,117	4142	0,023 95	7,225	0,1288	43	0
	10	855,173	0,0929	64 991,861	4131	0,023 94	7,347	0,1288		10
	20	851,315	0,0933	65 300,604	4120	0,023 94	7,469	0,1288		20
	30	847,457	0,0937	65 609,348	4108	0,023 94	7,591	0,1288		30
	40	843,599	0,0941	65 918,093	4097	0,023 93	7,713	0,1288		40
	50	839,740	0,0944	66 226,837	4086	0,023 93	7,834	0,1288		50
44	0	835,882	0,0948	66 535,581	4075	0,023 92	7,956	0,1288	44	0
	10	832,023	0,0952	66 844,326	4064	0,023 92	8,078	0,1288		10
	20	828,164	0,0956	67 153,070	4052	0,023 92	8,200	0,1288		20
	30	824,305	0,0960	67 461,815	4041	0,023 91	8,322	0,1288		30
	40	820,445	0,0963	67 770,560	4029	0,023 91	8,443	0,1288		40
	50	816,585	0,0967	68 079,305	4018	0,023 91	8,565	0,1288		50
45	0	812,726	0,0971	68 388,051	4006	0,023 90	8,687	0,1287	45	0
	10	808,866	0,0975	68 696,796	3995	0,023 90	8,809	0,1287		10
	20	805,006	0,0979	69 005,542	3983	0,023 90	8,931	0,1287		20
	30	801,145	0,0982	69 314,288	3971	0,023 89	9,052	0,1287		30
	40	797,285	0,0986	69 623,034	3960	0,023 89	9,174	0,1287		40
	50	793,424	0,0990	69 931,780	3948	0,023 88	9,296	0,1287		50
46	0	789,563	0,0994	70 240,526	3936	0,023 88	9,418	0,1287	46	0
	10	785,702	0,0998	70 549,272	3924	0,023 88	9,539	0,1287		10
	20	781,841	0,1001	70 858,019	3912	0,023 87	9,661	0,1287		20
	30	777,979	0,1005	71 166,765	3900	0,023 87	9,783	0,1287		30
	40	774,118	0,1009	71 475,512	3888	0,023 87	9,905	0,1287		40
	50	770,256	0,1013	71 784,259	3876	0,023 86	▲0,026	0,1287		50
47	0	766,394	0,1017	72 093,006	3864	0,023 86	▲0,148	0,1287	47	0
	10	762,532	0,1020	72 401,754	3852	0,023 85	▲0,270	0,1287		10
	20	758,669	0,1024	72 710,501	3840	0,023 85	▲0,391	0,1287		20
	30	754,807	0,1028	73 019,249	3828	0,023 85	▲0,513	0,1286		30
	40	750,944	0,1032	73 327,996	3816	0,023 84	▲0,635	0,1286		40
	50	747,081	0,1035	73 636,744	3803	0,023 84	▲0,757	0,1286		50
48	0	743,218	0,1039	73 945,492	3791	0,023 84	▲0,878	0,1286	48	0
	10	739,355	0,1043	74 254,240	3778	0,023 83	▲1,000	0,1286		10
	20	735,491	0,1047	74 562,989	3766	0,023 83	▲1,122	0,1286		20
	30	731,628	0,1051	74 871,737	3754	0,023 83	▲1,243	0,1286		30
	40	727,764	0,1054	75 180,486	3741	0,023 82	▲1,365	0,1286		40
	50	723,900	0,1058	75 489,235	3728	0,023 82	▲1,487	0,1286		50
49	0	720,036	0,1062	75 797,984	3716	0,023 81	▲1,608	0,1286	49	0
	10	716,171	0,1066	76 106,733	3703	0,023 81	▲1,730	0,1286		10
	20	712,307	0,1070	76 415,482	3690	0,023 81	▲1,851	0,1286		20
	30	708,442	0,1073	76 724,231	3678	0,023 80	▲1,973	0,1286		30
	40	704,577	0,1077	77 032,981	3665	0,023 80	▲2,095	0,1286		40
	50	700,712	0,1081	77 341,731	3652	0,023 80	▲2,216	0,1285		50
50	0	696,846	0,1085	77 650,480	3639	0,023 79	▲2,338	0,1285	50	0
		+ 77	–	+ 50	+ 486,	+	▲+ 258	+		
'	"	3,866	4	308,749	13	1	0,122	0	'	"

$r_3 = -0{,}000\ 19$

45°

'	"	3,865	3	308,750	13	0	0,121	0	'	"
		r_1	r_2	h_0	h_1	h_2	n_1	n_2		
		+ 77	-	+ 50	+ 486,	+	+ 258	+		
50	0	696,846	0,1085	77 650,480	3639	0,023 79	2,338	0,1285	50	0
	10	692,981	0,1088	77 959,230	3626	0,023 79	2,459	0,1285		10
	20	689,115	0,1092	78 267,981	3613	0,023 78	2,581	0,1285		20
	30	685,249	0,1096	78 576,731	3600	0,023 78	2,703	0,1285		30
	40	681,383	0,1100	78 885,481	3587	0,023 78	2,824	0,1285		40
	50	677,517	0,1104	79 194,232	3574	0,023 77	2,946	0,1285		50
51	0	673,651	0,1107	79 502,983	3561	0,023 77	3,067	0,1285	51	0
	10	669,784	0,1111	79 811,733	3547	0,023 77	3,189	0,1285		10
	20	665,917	0,1115	80 120,485	3534	0,023 76	3,311	0,1285		20
	30	662,050	0,1119	80 429,236	3521	0,023 76	3,432	0,1285		30
	40	658,183	0,1122	80 737,987	3507	0,023 76	3,554	0,1285		40
	50	654,316	0,1126	81 046,739	3494	0,023 75	3,675	0,1285		50
52	0	650,448	0,1130	81 355,490	3481	0,023 75	3,797	0,1285	52	0
	10	646,581	0,1134	81 664,242	3467	0,023 74	3,918	0,1285		10
	20	642,713	0,1138	81 972,994	3453	0,023 74	4,040	0,1284		20
	30	638,845	0,1141	82 281,746	3440	0,023 74	4,161	0,1284		30
	40	634,976	0,1145	82 590,498	3426	0,023 73	4,283	0,1284		40
	50	631,108	0,1149	82 899,251	3413	0,023 73	4,404	0,1284		50
53	0	627,239	0,1153	83 208,003	3399	0,023 73	4,526	0,1284	53	0
	10	623,371	0,1156	83 516,756	3385	0,023 72	4,647	0,1284		10
	20	619,502	0,1160	83 825,509	3371	0,023 72	4,769	0,1284		20
	30	615,632	0,1164	84 134,262	3357	0,023 71	4,890	0,1284		30
	40	611,763	0,1168	84 443,015	3343	0,023 71	5,012	0,1284		40
	50	607,894	0,1172	84 751,768	3329	0,023 71	5,133	0,1284		50
54	0	604,024	0,1175	85 060,522	3315	0,023 70	5,255	0,1284	54	0
	10	600,154	0,1179	85 369,275	3301	0,023 70	5,376	0,1284		10
	20	596,284	0,1183	85 678,029	3287	0,023 70	5,498	0,1284		20
	30	592,414	0,1187	85 986,783	3273	0,023 69	5,619	0,1284		30
	40	588,543	0,1190	86 295,537	3259	0,023 69	5,740	0,1283		40
	50	584,672	0,1194	86 604,291	3245	0,023 68	5,862	0,1283		50
55	0	580,802	0,1198	86 913,046	3230	0,023 68	5,983	0,1283	55	0
	10	576,931	0,1202	87 221,800	3216	0,023 68	6,105	0,1283		10
	20	573,059	0,1205	87 530,555	3202	0,023 67	6,226	0,1283		20
	30	569,188	0,1209	87 839,310	3187	0,023 67	6,348	0,1283		30
	40	565,316	0,1213	88 148,065	3173	0,023 67	6,469	0,1283		40
	50	561,445	0,1217	88 456,820	3158	0,023 66	6,590	0,1283		50
56	0	557,573	0,1221	88 765,575	3144	0,023 66	6,712	0,1283	56	0
	10	553,701	0,1224	89 074,330	3129	0,023 66	6,833	0,1283		10
	20	549,828	0,1228	89 383,086	3115	0,023 65	6,955	0,1283		20
	30	545,956	0,1232	89 691,842	3100	0,023 65	7,076	0,1283		30
	40	542,083	0,1236	90 000,598	3085	0,023 64	7,197	0,1283		40
	50	538,210	0,1239	90 309,354	3070	0,023 64	7,319	0,1283		50
57	0	534,337	0,1243	90 618,110	3056	0,023 64	7,440	0,1283	57	0
	10	530,464	0,1247	90 926,866	3041	0,023 63	7,561	0,1282		10
	20	526,591	0,1251	91 235,623	3026	0,023 63	7,683	0,1282		20
	30	522,717	0,1254	91 544,379	3011	0,023 63	7,804	0,1282		30
	40	518,843	0,1258	91 853,136	2996	0,023 62	7,925	0,1282		40
	50	514,969	0,1262	92 161,893	2981	0,023 62	8,047	0,1282		50
58	0	511,095	0,1266	92 470,650	2966	0,023 61	8,168	0,1282	58	0
	10	507,221	0,1269	92 779,407	2950	0,023 61	8,289	0,1282		10
	20	503,347	0,1273	93 088,165	2935	0,023 61	8,411	0,1282		20
	30	499,472	0,1277	93 396,922	2920	0,023 60	8,532	0,1282		30
	40	495,597	0,1281	93 705,680	2905	0,023 60	8,653	0,1282		40
	50	491,722	0,1285	94 014,438	2889	0,023 60	8,774	0,1282		50
59	0	487,847	0,1288	94 323,196	2874	0,023 59	8,896	0,1282	59	0
	10	483,971	0,1292	94 631,954	2859	0,023 59	9,017	0,1282		10
	20	480,096	0,1296	94 940,712	2843	0,023 59	9,138	0,1282		20
	30	476,220	0,1300	95 249,470	2828	0,023 58	9,260	0,1281		30
	40	472,344	0,1303	95 558,229	2812	0,023 58	9,381	0,1281		40
	50	468,468	0,1307	95 866,980	2796	0,023 57	9,502	0,1281		50
60	0	464,592	0,1311	96 175,747	2781	0,023 57	9,623	0,1281	60	0
		+ 77	-	+ 50	+ 486,	+	+ 258	+		
'	"	3,876	4	308,759	15	0	0,121	0	'	"

$r_3 = - 0{,}000\ 19$

46°

'	"	r₁	r₂	h₀	h₁	h₂	n₁	n₂	'	"
		3,877	4	308,759	16	0	0,122	0		
'	"	r_1	r_2	h_0	h_1	h_2	n_1	n_2	'	"
		+ 77	–	*+ 50	+ 486,	+	+ 258	+		
0	0	464,592	0,1311	*96 175,747	2781	0,023 57	*9,623	0,1281	0	0
	10	460,715	0,1315	*96 484,506	2765	0,023 57	*9,745	0,1281		10
	20	456,838	0,1318	*96 793,265	2749	0,023 56	*9,866	0,1281		20
	30	452,961	0,1322	*97 102,024	2734	0,023 56	*9,987	0,1281		30
	40	449,084	0,1326	*97 410,784	2718	0,023 56	0,108	0,1281		40
	50	445,207	0,1330	*97 719,543	2702	0,023 55	0,229	0,1281		50
1	0	441,330	0,1333	*98 028,303	2686	0,023 55	0,351	0,1281	1	0
	10	437,452	0,1337	*98 337,063	2670	0,023 54	0,472	0,1281		10
	20	433,574	0,1341	*98 645,823	2654	0,023 54	0,593	0,1281		20
	30	429,696	0,1345	*98 954,583	2638	0,023 54	0,714	0,1281		30
	40	425,818	0,1348	*99 263,344	2622	0,023 53	0,835	0,1281		40
	50	421,940	0,1352	*99 572,104	2606	0,023 53	0,957	0,1280		50
2	0	418,061	0,1356	*99 880,865	2589	0,023 53	1,078	0,1280	2	0
	10	414,183	0,1360	00 189,626	2573	0,023 52	1,199	0,1280		10
	20	410,304	0,1363	00 498,387	2557	0,023 52	1,320	0,1280		20
	30	406,425	0,1367	00 807,148	2541	0,023 51	1,441	0,1280		30
	40	402,545	0,1371	01 115,909	2524	0,023 51	1,562	0,1280		40
	50	398,666	0,1375	01 424,671	2508	0,023 51	1,683	0,1280		50
3	0	394,786	0,1378	01 733,432	2491	0,023 50	1,805	0,1280	3	0
	10	390,906	0,1382	02 042,194	2475	0,023 50	1,926	0,1280		10
	20	387,026	0,1386	02 350,956	2458	0,023 50	2,047	0,1280		20
	30	383,146	0,1390	02 659,718	2442	0,023 49	2,168	0,1280		30
	40	379,266	0,1393	02 968,480	2425	0,023 49	2,289	0,1280		40
	50	375,385	0,1397	03 277,242	2408	0,023 49	2,410	0,1280		50
4	0	371,505	0,1401	03 586,005	2391	0,023 48	2,531	0,1280	4	0
	10	367,624	0,1405	03 894,768	2375	0,023 48	2,652	0,1280		10
	20	363,743	0,1408	04 203,530	2358	0,023 47	2,773	0,1279		20
	30	359,861	0,1412	04 512,293	2341	0,023 47	2,895	0,1279		30
	40	355,980	0,1416	04 821,056	2324	0,023 47	3,016	0,1279		40
	50	352,098	0,1420	05 129,820	2307	0,023 46	3,137	0,1279		50
5	0	348,216	0,1423	05 438,583	2290	0,023 46	3,258	0,1279	5	0
	10	344,334	0,1427	05 747,347	2273	0,023 46	3,379	0,1279		10
	20	340,452	0,1431	06 056,110	2256	0,023 45	3,500	0,1279		20
	30	336,570	0,1435	06 364,874	2239	0,023 45	3,621	0,1279		30
	40	332,687	0,1438	06 673,638	2221	0,023 44	3,742	0,1279		40
	50	328,804	0,1442	06 982,402	2204	0,023 44	3,863	0,1279		50
6	0	324,922	0,1446	07 291,167	2187	0,023 44	3,984	0,1279	6	0
	10	321,038	0,1450	07 599,931	2170	0,023 43	4,105	0,1279		10
	20	317,155	0,1453	07 908,696	2152	0,023 43	4,226	0,1279		20
	30	313,272	0,1457	08 217,461	2135	0,023 43	4,347	0,1279		30
	40	309,388	0,1461	08 526,225	2117	0,023 42	4,468	0,1278		40
	50	305,504	0,1465	08 834,991	2100	0,023 42	4,589	0,1278		50
7	0	301,620	0,1468	09 143,756	2082	0,023 41	4,710	0,1278	7	0
	10	297,736	0,1472	09 452,521	2065	0,023 41	4,831	0,1278		10
	20	293,852	0,1476	09 761,287	2047	0,023 41	4,952	0,1278		20
	30	289,967	0,1480	10 070,052	2029	0,023 40	5,073	0,1278		30
	40	286,082	0,1483	10 378,818	2011	0,023 40	5,194	0,1278		40
	50	282,197	0,1487	10 687,584	1994	0,023 40	5,315	0,1278		50
8	0	278,312	0,1491	10 996,350	1976	0,023 39	5,436	0,1278	8	0
	10	274,427	0,1494	11 305,116	1958	0,023 39	5,557	0,1278		10
	20	270,541	0,1498	11 613,883	1940	0,023 39	5,678	0,1278		20
	30	266,656	0,1502	11 922,649	1922	0,023 38	5,799	0,1278		30
	40	262,770	0,1506	12 231,416	1904	0,023 38	5,920	0,1278		40
	50	258,884	0,1509	12 540,183	1886	0,023 37	6,040	0,1278		50
9	0	254,998	0,1513	12 848,950	1868	0,023 37	6,161	0,1277	9	0
	10	251,111	0,1517	13 157,717	1850	0,023 37	6,282	0,1277		10
	20	247,225	0,1521	13 466,485	1831	0,023 36	6,403	0,1277		20
	30	243,338	0,1524	13 775,252	1813	0,023 36	6,524	0,1277		30
	40	239,451	0,1528	14 084,020	1795	0,023 36	6,645	0,1277		40
	50	235,564	0,1532	14 392,787	1776	0,023 35	6,766	0,1277		50
10	0	231,676	0,1536	14 701,555	1758	0,023 35	6,887	0,1277	10	0
		+ 77	–	+ 51	+ 486,	+	+ 259	+		
'	"	3,888	4	308,768	18	0	0,121	0	'	"

$r_3 = - 0,000\ 19$

46°

		3,887	3	308,768	18	1	0,121	0		
'	"	r_1	r_2	h_0	h_1	h_2	n_1	n_2	'	"
		+ 77	–	+ 51	+ 486,	+	*+ 259	+		
10	0	231,676	0,1536	14 701,555	1758	0,023 35	*6,887	0,1277	10	0
	10	227,789	0,1539	15 010,323	1740	0,023 34	*7,008	0,1277		10
	20	223,901	0,1543	15 319,092	1721	0,023 34	*7,128	0,1277		20
	30	220,013	0,1547	15 627,860	1703	0,023 34	*7,249	0,1277		30
	40	216,125	0,1551	15 936,629	1684	0,023 33	*7,370	0,1277		40
	50	212,237	0,1554	16 245,397	1665	0,023 33	*7,491	0,1277		50
11	0	208,349	0,1558	16 554,166	1647	0,023 33	*7,612	0,1277	11	0
	10	204,460	0,1562	16 862,935	1628	0,023 32	*7,733	0,1277		10
	20	200,571	0,1565	17 171,704	1609	0,023 32	*7,854	0,1276		20
	30	196,682	0,1569	17 480,473	1590	0,023 31	*7,974	0,1276		30
	40	192,793	0,1573	17 789,243	1572	0,023 31	*8,095	0,1276		40
	50	188,904	0,1577	18 098,012	1553	0,023 31	*8,216	0,1276		50
12	0	185,014	0,1580	18 406,782	1534	0,023 30	*8,337	0,1276	12	0
	10	181,125	0,1584	18 715,552	1515	0,023 30	*8,458	0,1276		10
	20	177,235	0,1588	19 024,322	1496	0,023 30	*8,578	0,1276		20
	30	173,345	0,1592	19 333,092	1477	0,023 29	*8,699	0,1276		30
	40	169,455	0,1595	19 641,863	1458	0,023 29	*8,820	0,1276		40
	50	165,564	0,1599	19 950,633	1438	0,023 28	*8,941	0,1276		50
13	0	161,673	0,1603	20 259,404	1419	0,023 28	*9,062	0,1276	13	0
	10	157,783	0,1606	20 568,175	1400	0,023 28	*9,182	0,1276		10
	20	153,892	0,1610	20 876,945	1381	0,023 27	*9,303	0,1276		20
	30	150,001	0,1614	21 185,717	1361	0,023 27	*9,424	0,1276		30
	40	146,109	0,1618	21 494,487	1342	0,023 27	*9,545	0,1275		40
	50	142,218	0,1621	21 803,259	1322	0,023 26	*9,665	0,1275		50
14	0	138,326	0,1625	22 112,031	1303	0,023 26	*9,786	0,1275	14	0
	10	134,434	0,1629	22 420,802	1283	0,023 26	*9,907	0,1275		10
	20	130,542	0,1633	22 729,574	1264	0,023 25	0,027	0,1275		20
	30	126,650	0,1636	23 038,346	1244	0,023 25	0,148	0,1275		30
	40	122,757	0,1640	23 347,118	1224	0,023 24	0,269	0,1275		40
	50	118,865	0,1644	23 655,891	1205	0,023 24	0,390	0,1275		50
15	0	114,972	0,1647	23 964,663	1185	0,023 24	0,510	0,1275	15	0
	10	111,079	0,1651	24 273,436	1165	0,023 23	0,631	0,1275		10
	20	107,186	0,1655	24 582,209	1145	0,023 23	0,752	0,1275		20
	30	103,292	0,1659	24 890,981	1125	0,023 23	0,872	0,1275		30
	40	099,399	0,1662	25 199,754	1105	0,023 22	0,993	0,1275		40
	50	095,505	0,1666	25 508,528	1085	0,023 22	1,114	0,1275		50
16	0	091,611	0,1670	25 817,301	1065	0,023 21	1,234	0,1274	16	0
	10	087,717	0,1673	26 126,075	1045	0,023 21	1,355	0,1274		10
	20	083,823	0,1677	26 434,848	1025	0,023 21	1,476	0,1274		20
	30	079,929	0,1681	26 743,622	1005	0,023 20	1,596	0,1274		30
	40	076,034	0,1685	27 052,396	0985	0,023 20	1,717	0,1274		40
	50	072,139	0,1688	27 361,170	0965	0,023 20	1,838	0,1274		50
17	0	068,244	0,1692	27 669,944	0944	0,023 19	1,958	0,1274	17	0
	10	064,349	0,1696	27 978,719	0924	0,023 19	2,079	0,1274		10
	20	060,454	0,1699	28 287,493	0903	0,023 18	2,199	0,1274		20
	30	056,558	0,1703	28 596,268	0883	0,023 18	2,320	0,1274		30
	40	052,662	0,1707	28 905,043	0863	0,023 18	2,441	0,1274		40
	50	048,766	0,1711	29 213,818	0842	0,023 17	2,561	0,1274		50
18	0	044,870	0,1714	29 522,593	0821	0,023 17	2,682	0,1274	18	0
	10	040,974	0,1718	29 831,368	0801	0,023 17	2,802	0,1274		10
	20	037,078	0,1722	30 140,144	0780	0,023 16	2,923	0,1273		20
	30	033,181	0,1725	30 448,919	0759	0,023 16	3,043	0,1273		30
	40	029,284	0,1729	30 757,695	0739	0,023 15	3,164	0,1273		40
	50	025,387	0,1733	31 066,471	0718	0,023 15	3,285	0,1273		50
19	0	021,490	0,1737	31 375,247	0697	0,023 15	3,405	0,1273	19	0
	10	017,593	0,1740	31 684,023	0676	0,023 14	3,526	0,1273		10
	20	013,695	0,1744	31 992,800	0655	0,023 14	3,646	0,1273		20
	30	009,797	0,1748	32 301,576	0634	0,023 14	3,767	0,1273		30
	40	005,900	0,1751	32 610,353	0613	0,023 13	3,887	0,1273		40
	50	002,001	0,1755	32 919,130	0592	0,023 13	4,008	0,1273		50
20	0	*998,103	0,1759	33 227,907	0571	0,023 13	4,128	0,1273	20	0
		*+ 76	–	+ 51	+ 486,	+	+ 260	+		
'	"	3,898	4	308,777	21	0	0,120	0	'	"

$r_3 = -0{,}000\ 19$

46°

'	"	r_1	r_2	h_0	h_1	h_2	n_1	n_2	'	"
		3,898	4	308,777	21	1	0,121	0		
		+ 76	−	+ 51	^+ 486,	+	+ 260	+		
20	0	998,103	0,1759	33 227,907	^0571	0,023 13	4,128	0,1273	20	0
	10	994,205	0,1763	33 536,684	^0550	0,023 12	4,249	0,1273		10
	20	990,306	0,1766	33 845,461	^0528	0,023 12	4,369	0,1273		20
	30	986,407	0,1770	34 154,238	^0507	0,023 11	4,490	0,1273		30
	40	982,508	0,1774	34 463,016	^0486	0,023 11	4,610	0,1272		40
	50	978,609	0,1777	34 771,794	^0464	0,023 11	4,731	0,1272		50
21	0	974,710	0,1781	35 080,572	^0443	0,023 10	4,851	0,1272	21	0
	10	970,810	0,1785	35 389,350	^0422	0,023 10	4,972	0,1272		10
	20	966,910	0,1789	35 698,128	^0400	0,023 10	5,092	0,1272		20
	30	963,010	0,1792	36 006,906	^0378	0,023 09	5,213	0,1272		30
	40	959,110	0,1796	36 315,685	^0357	0,023 09	5,333	0,1272		40
	50	955,210	0,1800	36 624,463	^0335	0,023 08	5,453	0,1272		50
22	0	951,310	0,1803	36 933,242	^0314	0,023 08	5,574	0,1272	22	0
	10	947,409	0,1807	37 242,021	^0292	0,023 08	5,694	0,1272		10
	20	943,508	0,1811	37 550,800	^0270	0,023 07	5,815	0,1272		20
	30	939,607	0,1814	37 859,579	^0248	0,023 07	5,935	0,1272		30
	40	935,706	0,1818	38 168,359	^0226	0,023 07	6,056	0,1272		40
	50	931,805	0,1822	38 477,138	^0204	0,023 06	6,176	0,1272		50
23	0	927,903	0,1826	38 785,918	^0182	0,023 06	6,296	0,1271	23	0
	10	924,001	0,1829	39 094,698	^0160	0,023 05	6,417	0,1271		10
	20	920,099	0,1833	39 403,478	^0138	0,023 05	6,537	0,1271		20
	30	916,197	0,1837	39 712,258	^0116	0,023 05	6,658	0,1271		30
	40	912,295	0,1840	40 021,038	^0094	0,023 04	6,778	0,1271		40
	50	908,393	0,1844	40 329,818	^0072	0,023 04	6,898	0,1271		50
24	0	904,490	0,1848	40 638,599	^0050	0,023 04	7,019	0,1271	24	0
	10	900,587	0,1851	40 947,380	^0027	0,023 03	7,139	0,1271		10
	20	896,684	0,1855	41 256,161	^0005	0,023 03	7,259	0,1271		20
	30	892,781	0,1859	41 564,942	9983	0,023 02	7,380	0,1271		30
	40	888,878	0,1863	41 873,723	9960	0,023 02	7,500	0,1271		40
	50	884,974	0,1866	42 182,504	9938	0,023 02	7,620	0,1271		50
25	0	881,070	0,1870	42 491,286	9915	0,023 01	7,741	0,1271	25	0
	10	877,166	0,1874	42 800,067	9893	0,023 01	7,861	0,1271		10
	20	873,262	0,1877	43 108,849	9870	0,023 01	7,981	0,1270		20
	30	869,358	0,1881	43 417,631	9848	0,023 00	8,102	0,1270		30
	40	865,454	0,1885	43 726,413	9825	0,023 00	8,222	0,1270		40
	50	861,549	0,1888	44 035,195	9802	0,022 99	8,342	0,1270		50
26	0	857,644	0,1892	44 343,978	9779	0,022 99	8,463	0,1270	26	0
	10	853,739	0,1896	44 652,760	9757	0,022 99	8,583	0,1270		10
	20	849,834	0,1900	44 961,543	9734	0,022 98	8,703	0,1270		20
	30	845,928	0,1903	45 270,326	9711	0,022 98	8,823	0,1270		30
	40	842,023	0,1907	45 579,109	9688	0,022 98	8,944	0,1270		40
	50	838,117	0,1911	45 887,892	9665	0,022 97	9,064	0,1270		50
27	0	834,211	0,1914	46 196,675	9642	0,022 97	9,184	0,1270	27	0
	10	830,305	0,1918	46 505,459	9619	0,022 96	9,304	0,1270		10
	20	826,399	0,1922	46 814,242	9595	0,022 96	9,425	0,1270		20
	30	822,492	0,1925	47 123,026	9572	0,022 96	9,545	0,1270		30
	40	818,586	0,1929	47 431,810	9549	0,022 95	9,665	0,1269		40
	50	814,679	0,1933	47 740,594	9526	0,022 95	9,785	0,1269		50
28	0	810,772	0,1936	48 049,378	9502	0,022 95	9,906	0,1269	28	0
	10	806,865	0,1940	48 358,162	9479	0,022 94	^0,026	0,1269		10
	20	802,957	0,1944	48 666,947	9456	0,022 94	^0,146	0,1269		20
	30	799,050	0,1948	48 975,732	9432	0,022 94	^0,266	0,1269		30
	40	795,142	0,1951	49 284,516	9409	0,022 93	^0,386	0,1269		40
	50	791,234	0,1955	49 593,301	9385	0,022 93	^0,507	0,1269		50
29	0	787,326	0,1959	49 902,086	9361	0,022 92	^0,627	0,1269	29	0
	10	783,418	0,1962	50 210,872	9338	0,022 92	^0,747	0,1269		10
	20	779,509	0,1966	50 519,657	9314	0,022 92	^0,867	0,1269		20
	30	775,601	0,1970	50 828,443	9290	0,022 91	^0,987	0,1269		30
	40	771,692	0,1973	51 137,228	9267	0,022 91	^1,107	0,1269		40
	50	767,783	0,1977	51 446,014	9243	0,022 91	^1,228	0,1269		50
30	0	763,874	0,1981	51 754,800	9219	0,022 90	^1,348	0,1268	30	0
		+ 76	−	+ 51	+ 485,	+	^+ 261	+		
'	"	3,909	4	308,786	24	1	0,120	1	'	"

$r_3 = -0,000\ 19$

46°

'	"	r1	r2	h0	h1	h2	n1	n2	'	"
		3,910	3	308,786	24	0	0,120	0		
'	"	r_1	r_2	h_0	h_1	h_2	n_1	n_2	'	"
		+ 76	–	+ 51	+ 485,	+	+ 261	+		
30	0	763,874	0,1981	51 754,800	9219	0,022 90	1,348	0,1268	30	0
	10	759,964	0,1984	52 063,586	9195	0,022 90	1,468	0,1268		10
	20	756,055	0,1988	52 372,373	9171	0,022 89	1,588	0,1268		20
	30	752,145	0,1992	52 681,159	9147	0,022 89	1,708	0,1268		30
	40	748,235	0,1995	52 989,946	9123	0,022 89	1,828	0,1268		40
	50	744,325	0,1999	53 298,733	9099	0,022 88	1,948	0,1268		50
31	0	740,415	0,2003	53 607,519	9075	0,022 88	2,068	0,1268	31	0
	10	736,504	0,2006	53 916,307	9050	0,022 88	2,189	0,1268		10
	20	732,593	0,2010	54 225,094	9026	0,022 87	2,309	0,1268		20
	30	728,683	0,2014	54 533,881	9002	0,022 87	2,429	0,1268		30
	40	724,772	0,2018	54 842,669	8978	0,022 86	2,549	0,1268		40
	50	720,860	0,2021	55 151,456	8953	0,022 86	2,669	0,1268		50
32	0	716,949	0,2025	55 460,244	8929	0,022 86	2,789	0,1268	32	0
	10	713,038	0,2029	55 769,032	8904	0,022 85	2,909	0,1268		10
	20	709,126	0,2032	56 077,820	8880	0,022 85	3,029	0,1267		20
	30	705,214	0,2036	56 386,608	8855	0,022 85	3,149	0,1267		30
	40	701,302	0,2040	56 695,397	8831	0,022 84	3,269	0,1267		40
	50	697,389	0,2043	57 004,185	8806	0,022 84	3,389	0,1267		50
33	0	693,477	0,2047	57 312,974	8781	0,022 83	3,509	0,1267	33	0
	10	689,564	0,2051	57 621,763	8756	0,022 83	3,629	0,1267		10
	20	685,652	0,2054	57 930,552	8732	0,022 83	3,749	0,1267		20
	30	681,739	0,2058	58 239,341	8707	0,022 82	3,869	0,1267		30
	40	677,825	0,2062	58 548,130	8682	0,022 82	3,989	0,1267		40
	50	673,912	0,2065	58 856,920	8657	0,022 82	4,109	0,1267		50
34	0	669,998	0,2069	59 165,710	8632	0,022 81	4,229	0,1267	34	0
	10	666,085	0,2073	59 474,499	8607	0,022 81	4,349	0,1267		10
	20	662,171	0,2076	59 783,289	8582	0,022 80	4,469	0,1267		20
	30	658,257	0,2080	60 092,079	8557	0,022 80	4,589	0,1266		30
	40	654,342	0,2084	60 400,870	8532	0,022 80	4,709	0,1266		40
	50	650,428	0,2087	60 709,660	8506	0,022 79	4,829	0,1266		50
35	0	646,513	0,2091	61 018,450	8481	0,022 79	4,949	0,1266	35	0
	10	642,598	0,2095	61 327,241	8456	0,022 79	5,069	0,1266		10
	20	638,683	0,2098	61 636,032	8431	0,022 78	5,189	0,1266		20
	30	634,768	0,2102	61 944,823	8405	0,022 78	5,309	0,1266		30
	40	630,853	0,2106	62 253,614	8380	0,022 77	5,429	0,1266		40
	50	626,937	0,2109	62 562,405	8354	0,022 77	5,549	0,1266		50
36	0	623,022	0,2113	62 871,197	8329	0,022 77	5,669	0,1266	36	0
	10	619,106	0,2117	63 179,988	8303	0,022 76	5,789	0,1266		10
	20	615,190	0,2120	63 498,780	8278	0,022 76	5,909	0,1266		20
	30	611,273	0,2124	63 797,572	8252	0,022 76	6,029	0,1266		30
	40	607,357	0,2128	64 106,364	8226	0,022 75	6,148	0,1266		40
	50	603,440	0,2131	64 415,156	8200	0,022 75	6,268	0,1265		50
37	0	599,523	0,2135	64 723,948	8175	0,022 74	6,388	0,1265	37	0
	10	595,606	0,2139	65 032,741	8149	0,022 74	6,508	0,1265		10
	20	591,689	0,2142	65 341,534	8123	0,022 74	6,628	0,1265		20
	30	587,772	0,2146	65 650,326	8097	0,022 73	6,748	0,1265		30
	40	583,854	0,2150	65 959,119	8071	0,022 73	6,868	0,1265		40
	50	579,937	0,2153	66 267,912	8045	0,022 73	6,988	0,1265		50
38	0	576,019	0,2157	66 576,706	8019	0,022 72	7,107	0,1265	38	0
	10	572,101	0,2161	66 885,499	7993	0,022 72	7,227	0,1265		10
	20	568,182	0,2164	67 194,293	7967	0,022 71	7,347	0,1265		20
	30	564,264	0,2168	67 503,086	7940	0,022 71	7,467	0,1265		30
	40	560,345	0,2172	67 811,880	7914	0,022 71	7,587	0,1265		40
	50	556,426	0,2175	68 120,674	7888	0,022 70	7,707	0,1265		50
39	0	552,507	0,2179	68 429,468	7862	0,022 70	7,826	0,1265	39	0
	10	548,588	0,2183	68 738,262	7835	0,022 70	7,946	0,1264		10
	20	544,669	0,2186	69 047,057	7809	0,022 69	8,066	0,1264		20
	30	540,749	0,2190	69 355,852	7782	0,022 69	8,186	0,1264		30
	40	536,830	0,2194	69 664,646	7756	0,022 68	8,306	0,1264		40
	50	532,910	0,2197	69 973,441	7729	0,022 68	8,425	0,1264		50
40	0	528,990	0,2201	70 282,236	7702	0,022 68	8,545	0,1264	40	0
		+ 76	–	+ 51	+ 485,	+	+ 261	+		
'	"	3,920	4	308,795	27	0	0,120	0	'	"

$r_3 = -0{,}000\ 19$

46°

'	"	r_1	r_2	h_0	h_1	h_2	n_1	n_2	'	"
		3,921	4	308,795	26	1	0,120	0		
		+ 76	−	+ 51	+ 485,	+	*+ 261	+		
40	0	528,990	0,2201	70 282,236	7702	0,022 68	*8,545	0,1264	40	0
	10	525,069	0,2205	70 591,031	7676	0,022 67	*8,665	0,1264		10
	20	521,149	0,2208	70 899,827	7649	0,022 67	*8,785	0,1264		20
	30	517,228	0,2212	71 208,622	7622	0,022 67	*8,904	0,1264		30
	40	513,307	0,2216	71 517,418	7596	0,022 66	*9,024	0,1264		40
	50	509,387	0,2219	71 826,214	7569	0,022 66	*9,144	0,1264		50
41	0	505,465	0,2223	72 135,010	7542	0,022 66	*9,264	0,1264	41	0
	10	501,544	0,2227	72 443,806	7515	0,022 65	*9,383	0,1264		10
	20	497,622	0,2230	72 752,602	7488	0,022 65	*9,503	0,1263		20
	30	493,701	0,2234	73 061,398	7461	0,022 64	*9,623	0,1263		30
	40	489,779	0,2238	73 370,195	7434	0,022 64	*9,743	0,1263		40
	50	485,857	0,2241	73 678,992	7407	0,022 64	*9,862	0,1263		50
42	0	481,935	0,2245	73 987,788	7379	0,022 63	*9,982	0,1263	42	0
	10	478,012	0,2249	74 296,585	7352	0,022 63	0,102	0,1263		10
	20	474,089	0,2252	74 605,383	7325	0,022 63	0,221	0,1263		20
	30	470,167	0,2256	74 914,180	7298	0,022 62	0,341	0,1263		30
	40	466,244	0,2260	75 222,977	7270	0,022 62	0,461	0,1263		40
	50	462,321	0,2263	75 531,775	7243	0,022 61	0,580	0,1263		50
43	0	458,397	0,2267	75 840,573	7215	0,022 61	0,700	0,1263	43	0
	10	454,474	0,2271	76 149,371	7188	0,022 61	0,820	0,1263		10
	20	450,550	0,2274	76 458,169	7160	0,022 60	0,939	0,1263		20
	30	446,626	0,2278	76 766,967	7133	0,022 60	1,059	0,1263		30
	40	442,702	0,2281	77 075,765	7105	0,022 60	1,179	0,1262		40
	50	438,778	0,2285	77 384,564	7078	0,022 59	1,298	0,1262		50
44	0	434,853	0,2289	77 693,362	7050	0,022 59	1,418	0,1262	44	0
	10	430,929	0,2292	78 002,161	7022	0,022 58	1,537	0,1262		10
	20	427,004	0,2296	78 310,960	6994	0,022 58	1,657	0,1262		20
	30	423,079	0,2300	78 619,759	6966	0,022 58	1,777	0,1262		30
	40	419,154	0,2303	78 928,558	6939	0,022 57	1,896	0,1262		40
	50	415,228	0,2307	79 237,358	6911	0,022 57	2,016	0,1262		50
45	0	411,303	0,2311	79 546,157	6883	0,022 57	2,135	0,1262	45	0
	10	407,377	0,2314	79 854,957	6855	0,022 56	2,255	0,1262		10
	20	403,451	0,2318	80 163,757	6826	0,022 56	2,375	0,1262		20
	30	399,525	0,2322	80 472,557	6798	0,022 55	2,494	0,1262		30
	40	395,599	0,2325	80 781,357	6770	0,022 55	2,614	0,1262		40
	50	391,673	0,2329	81 090,158	6742	0,022 55	2,733	0,1261		50
46	0	387,746	0,2333	81 398,958	6714	0,022 54	2,853	0,1261	46	0
	10	383,819	0,2336	81 707,759	6685	0,022 54	2,972	0,1261		10
	20	379,892	0,2340	82 016,559	6657	0,022 54	3,092	0,1261		20
	30	375,965	0,2343	82 325,360	6629	0,022 53	3,212	0,1261		30
	40	372,038	0,2347	82 634,161	6600	0,022 53	3,331	0,1261		40
	50	368,110	0,2351	82 942,963	6572	0,022 52	3,451	0,1261		50
47	0	364,183	0,2354	83 251,764	6543	0,022 52	3,570	0,1261	47	0
	10	360,255	0,2358	83 560,565	6515	0,022 52	3,690	0,1261		10
	20	356,327	0,2362	83 869,367	6486	0,022 51	3,809	0,1261		20
	30	352,398	0,2365	84 178,169	6457	0,022 51	3,929	0,1261		30
	40	348,470	0,2369	84 486,971	6429	0,022 51	4,048	0,1261		40
	50	344,541	0,2373	84 795,773	6400	0,022 50	4,168	0,1261		50
48	0	340,613	0,2376	85 104,575	6371	0,022 50	4,287	0,1261	48	0
	10	336,684	0,2380	85 413,378	6342	0,022 49	4,407	0,1260		10
	20	332,755	0,2384	85 722,180	6313	0,022 49	4,526	0,1260		20
	30	328,825	0,2387	86 030,983	6284	0,022 49	4,645	0,1260		30
	40	324,896	0,2391	86 339,786	6255	0,022 48	4,765	0,1260		40
	50	320,966	0,2394	86 648,589	6226	0,022 48	4,884	0,1260		50
49	0	317,036	0,2398	86 957,392	6197	0,022 48	5,004	0,1260	49	0
	10	313,106	0,2402	87 266,195	6168	0,022 47	5,123	0,1260		10
	20	309,176	0,2405	87 574,999	6139	0,022 47	5,243	0,1260		20
	30	305,246	0,2409	87 883,802	6110	0,022 46	5,362	0,1260		30
	40	301,315	0,2413	88 192,606	6080	0,022 46	5,482	0,1260		40
	50	297,384	0,2416	88 501,410	6051	0,022 46	5,601	0,1260		50
50	0	293,453	0,2420	88 810,214	6022	0,022 45	5,720	0,1260	50	0
		+ 76	−	+ 51	+ 485,	+	+ 262	+		
'	"	3,931	4	308,804	29	1	0,119	0	'	"

$r_3 = -0,000\ 19$

46°

'	"	3,931	4	308,804	30	0	0,120	0	'	"
		r_1	r_2	h_0	h_1	h_2	n_1	n_2		
		+ 76	−	+ 51	+ 485,	+	+ 262	+		
50	0	293,453	0,2420	88 810,214	6022	0,022 45	5,720	0,1260	50	0
	10	289,522	0,2424	89 119,018	5992	0,022 45	5,840	0,1260		10
	20	285,591	0,2427	89 427,823	5963	0,022 45	5,959	0,1259		20
	30	281,659	0,2431	89 736,627	5933	0,022 44	6,079	0,1259		30
	40	277,728	0,2434	90 045,432	5904	0,022 44	6,198	0,1259		40
	50	273,796	0,2438	90 354,237	5874	0,022 43	6,317	0,1259		50
51	0	269,864	0,2442	90 663,042	5844	0,022 43	6,437	0,1259	51	0
	10	265,932	0,2445	90 971,847	5815	0,022 43	6,556	0,1259		10
	20	261,999	0,2449	91 280,652	5785	0,022 42	6,675	0,1259		20
	30	258,067	0,2453	91 589,458	5755	0,022 42	6,795	0,1259		30
	40	254,134	0,2456	91 898,263	5725	0,022 42	6,914	0,1259		40
	50	250,201	0,2460	92 207,069	5696	0,022 41	7,033	0,1259		50
52	0	246,268	0,2464	92 515,875	5666	0,022 41	7,153	0,1259	52	0
	10	242,335	0,2467	92 824,681	5636	0,022 40	7,272	0,1259		10
	20	238,401	0,2471	93 133,487	5606	0,022 40	7,391	0,1259		20
	30	234,468	0,2474	93 442,293	5576	0,022 40	7,511	0,1259		30
	40	230,534	0,2478	93 751,100	5546	0,022 39	7,630	0,1258		40
	50	226,600	0,2482	94 059,907	5515	0,022 39	7,749	0,1258		50
53	0	222,666	0,2485	94 368,713	5485	0,022 39	7,869	0,1258	53	0
	10	218,731	0,2489	94 677,520	5455	0,022 38	7,988	0,1258		10
	20	214,797	0,2493	94 986,327	5425	0,022 38	8,107	0,1258		20
	30	210,862	0,2496	95 295,135	5394	0,022 37	8,226	0,1258		30
	40	206,927	0,2500	95 603,942	5364	0,022 37	8,346	0,1258		40
	50	202,992	0,2503	95 912,750	5334	0,022 37	8,465	0,1258		50
54	0	199,057	0,2507	96 221,557	5303	0,022 36	8,584	0,1258	54	0
	10	195,121	0,2511	96 530,365	5273	0,022 36	8,703	0,1258		10
	20	191,185	0,2514	96 839,173	5242	0,022 36	9,823	0,1258		20
	30	187,250	0,2518	97 147,981	5212	0,022 35	8,942	0,1258		30
	40	183,314	0,2522	97 456,789	5181	0,022 35	9,061	0,1258		40
	50	179,377	0,2525	97 765,598	5150	0,022 34	9,180	0,1257		50
55	0	175,441	0,2529	98 074,406	5120	0,022 34	9,300	0,1257	55	0
	10	171,505	0,2532	98 383,215	5089	0,022 34	9,419	0,1257		10
	20	167,568	0,2536	98 692,024	5058	0,022 33	9,538	0,1257		20
	30	163,631	0,2540	99 000,833	5027	0,022 33	9,657	0,1257		30
	40	159,694	0,2543	99 309,642	4996	0,022 33	9,776	0,1257		40
	50	155,757	0,2547	99 618,452	4965	0,022 32	9,896	0,1257		50
56	0	151,819	0,2551	99 927,261	4934	0,022 32	*0,015	0,1257	56	0
	10	147,882	0,2554	*00 236,071	4903	0,022 31	*0,134	0,1257		10
	20	143,944	0,2558	*00 544,881	4872	0,022 31	*0,253	0,1257		20
	30	140,006	0,2561	*00 853,691	4841	0,022 31	*0,372	0,1257		30
	40	136,068	0,2565	*01 162,501	4810	0,022 30	*0,491	0,1257		40
	50	132,129	0,2569	*01 471,311	4778	0,022 30	*0,611	0,1257		50
57	0	128,191	0,2572	*01 780,121	4747	0,022 30	*0,730	0,1257	57	0
	10	124,252	0,2576	*02 088,932	4716	0,022 29	*0,849	0,1256		10
	20	120,313	0,2579	*02 397,743	4684	0,022 29	*0,968	0,1256		20
	30	116,374	0,2583	*02 706,553	4653	0,022 28	*1,087	0,1256		30
	40	112,435	0,2587	*03 015,364	4622	0,022 28	*1,206	0,1256		40
	50	108,495	0,2590	*03 324,176	4590	0,022 28	*1,325	0,1256		50
58	0	104,556	0,2594	*03 632,987	4559	0,022 27	*1,445	0,1256	58	0
	10	100,616	0,2598	*03 941,798	4527	0,022 27	*1,564	0,1256		10
	20	096,676	0,2601	*04 250,610	4495	0,022 27	*1,683	0,1256		20
	30	092,736	0,2605	*04 559,422	4464	0,022 26	*1,802	0,1256		30
	40	088,796	0,2608	*04 868,234	4432	0,022 26	*1,921	0,1256		40
	50	084,855	0,2612	*05 177,046	4400	0,022 25	*2,040	0,1256		50
59	0	080,914	0,2616	*05 485,858	4368	0,022 25	*2,159	0,1256	59	0
	10	076,974	0,2619	*05 794,670	4336	0,022 25	*2,278	0,1256		10
	20	073,033	0,2623	*06 103,483	4304	0,022 24	*2,397	0,1255		20
	30	069,091	0,2626	*06 412,295	4273	0,022 24	*2,516	0,1255		30
	40	065,150	0,2630	*06 721,108	4240	0,022 24	*2,635	0,1255		40
	50	061,208	0,2634	*07 029,921	4208	0,022 23	*2,754	0,1255		50
60	0	057,267	0,2637	*07 338,734	4176	0,022 23	*2,873	0,1255	60	0
		+ 76	−	*+ 52	+ 485,	+	*+ 263	+		
'	"	3,941	3	308,813	32	0	0,119	0	'	"

$r_3 = -0{,}000\ 19$

47°

'	"	3,942	4	308,843	32	1	0,119	0	'	"
		r_1	r_2	h_0	h_1	h_2	n_1	n_2		
		•+ 76	−	+ 52	+ 485,	+	+ 263	+		
0	0	•057,267	0,2637	07 338,734	4176	0,022 23	2,873	0,1255	0	0
	10	•053,325	0,2641	07 647,547	4144	0,022 22	2,992	0,1255		10
	20	•049,383	0,2645	07 956,361	4112	0,022 22	3,111	0,1255		20
	30	•045,440	0,2648	08 265,174	4080	0,022 22	3,230	0,1255		30
	40	•041,498	0,2652	08 573,988	4047	0,022 21	3,349	0,1255		40
	50	•037,555	0,2655	08 882,802	4015	0,022 21	3,468	0,1255		50
1	0	•033,612	0,2659	09 191,616	3983	0,022 21	3,587	0,1255	1	0
	10	•029,669	0,2663	09 500,430	3950	0,022 20	3,706	0,1255		10
	20	•025,726	0,2666	09 809,244	3918	0,022 20	3,825	0,1255		20
	30	•021,783	0,2670	10 118,059	3885	0,022 19	3,944	0,1254		30
	40	•017,839	0,2673	10 426,874	3853	0,022 19	4,063	0,1254		40
	50	•013,895	0,2677	10 735,688	3820	0,022 19	4,182	0,1254		50
2	0	•009,951	0,2681	11 044,503	3788	0,022 18	4,301	0,1254	2	0
	10	•006,007	0,2684	11 353,318	3755	0,022 18	4,420	0,1254		10
	20	•002,063	0,2688	11 662,134	3722	0,022 18	4,539	0,1254		20
	30	998,118	0,2691	11 970,949	3689	0,022 17	4,658	0,1254		30
	40	994,174	0,2695	12 279,764	3657	0,022 17	4,777	0,1254		40
	50	990,229	0,2699	12 588,580	3624	0,022 16	4,896	0,1254		50
3	0	986,284	0,2702	12 897,396	3591	0,022 16	5,015	0,1254	3	0
	10	982,339	0,2706	13 206,212	3558	0,022 16	5,134	0,1254		10
	20	978,393	0,2709	13 515,028	3525	0,022 15	5,253	0,1254		20
	30	974,448	0,2713	13 823,844	3492	0,022 15	5,372	0,1254		30
	40	970,502	0,2717	14 132,661	3459	0,022 15	5,491	0,1254		40
	50	966,556	0,2720	14 441,477	3425	0,022 14	5,609	0,1253		50
4	0	962,610	0,2724	14 750,294	3392	0,022 14	5,728	0,1253	4	0
	10	958,664	0,2727	15 059,111	3359	0,022 13	5,847	0,1253		10
	20	954,717	0,2731	15 367,928	3326	0,022 13	5,966	0,1253		20
	30	950,771	0,2735	15 676,745	3292	0,022 13	6,085	0,1253		30
	40	946,824	0,2738	15 985,562	3259	0,022 12	6,204	0,1253		40
	50	942,877	0,2742	16 294,380	3226	0,022 12	6,323	0,1253		50
5	0	938,930	0,2745	16 603,197	3192	0,022 11	6,441	0,1253	5	0
	10	934,983	0,2749	16 912,015	3159	0,022 11	6,560	0,1253		10
	20	931,035	0,2753	17 220,833	3125	0,022 11	6,679	0,1253		20
	30	927,087	0,2756	17 529,651	3091	0,022 10	6,798	0,1253		30
	40	923,139	0,2760	17 838,469	3058	0,022 10	6,917	0,1253		40
	50	919,191	0,2763	18 147,288	3024	0,022 10	7,036	0,1253		50
6	0	915,243	0,2767	18 456,106	2990	0,022 09	7,154	0,1252	6	0
	10	911,295	0,2771	18 764,925	2956	0,022 09	7,273	0,1252		10
	20	907,346	0,2774	19 073,744	2923	0,022 08	7,392	0,1252		20
	30	903,397	0,2778	19 382,563	2889	0,022 08	7,511	0,1252		30
	40	899,448	0,2781	19 691,382	2855	0,022 08	7,630	0,1252		40
	50	895,499	0,2785	20 000,201	2821	0,022 07	7,748	0,1252		50
7	0	891,550	0,2789	20 309,021	2787	0,022 07	7,867	0,1252	7	0
	10	887,600	0,2792	20 617,840	2753	0,022 07	7,986	0,1252		10
	20	883,651	0,2796	20 926,660	2719	0,022 06	8,105	0,1252		20
	30	879,701	0,2799	21 235,480	2685	0,022 06	8,223	0,1252		30
	40	875,751	0,2803	21 544,300	2650	0,022 05	8,342	0,1252		40
	50	871,801	0,2806	21 853,120	2616	0,022 05	8,461	0,1252		50
8	0	867,850	0,2810	22 161,940	2582	0,022 05	8,580	0,1252	8	0
	10	863,900	0,2814	22 470,761	2547	0,022 04	8,698	0,1251		10
	20	859,949	0,2817	22 779,581	2513	0,022 04	8,817	0,1251		20
	30	855,998	0,2821	23 088,402	2479	0,022 04	8,936	0,1251		30
	40	852,047	0,2824	23 397,223	2444	0,022 03	9,055	0,1251		40
	50	848,095	0,2828	23 706,044	2410	0,022 03	9,173	0,1251		50
9	0	844,144	0,2832	24 014,865	2375	0,022 02	9,292	0,1251	9	0
	10	840,192	0,2835	24 323,687	2340	0,022 02	9,411	0,1251		10
	20	836,241	0,2839	24 632,508	2306	0,022 02	9,529	0,1251		20
	30	832,288	0,2842	24 941,330	2271	0,022 01	9,648	0,1251		30
	40	828,336	0,2846	25 250,152	2236	0,022 01	9,767	0,1251		40
	50	824,384	0,2850	25 558,974	2202	0,022 01	9,885	0,1251		50
10	0	820,431	0,2853	25 867,796	2167	0,022 00	•0,004	0,1251	10	0
		+ 75	−	+ 52	+ 485,	+	•+ 264	+		
'	"	3,953	3	308,822	35	1	0,119	0	'	"

$r_3 = -0{,}000\ 18$

47°

'	"	r1	r2	h0	h1	h2	n1	n2	'	"
		3,952	4	308,822	35	0	0,119	0		
'	"	r_1	r_2	h_0	h_1	h_2	n_1	n_2	'	"
		+ 75	–	+ 52	+ 485,	+	+ 264	+		
10	0	820,431	0,2853	25 867,796	2167	0,022 00	0,004	0,1251	10	0
	10	816,479	0,2857	26 176,618	2132	0,022 00	0,123	0,1251		10
	20	812,526	0,2860	26 485,441	2097	0,021 99	0,241	0,1250		20
	30	808,573	0,2864	26 794,263	2062	0,021 99	0,360	0,1250		30
	40	804,619	0,2867	27 103,086	2027	0,021 99	0,479	0,1250		40
	50	800,666	0,2871	27 411,909	1992	0,021 98	0,597	0,1250		50
11	0	796,712	0,2875	27 720,732	1957	0,021 98	0,716	0,1250	11	0
	10	792,758	0,2878	28 029,555	1922	0,021 98	0,835	0,1250		10
	20	788,804	0,2882	28 338,378	1886	0,021 97	0,953	0,1250		20
	30	784,850	0,2885	28 647,202	1851	0,021 97	1,072	0,1250		30
	40	780,896	0,2889	28 956,026	1816	0,021 96	1,190	0,1250		40
	50	776,941	0,2893	29 264,849	1780	0,021 96	1,309	0,1250		50
12	0	772,987	0,2896	29 573,673	1745	0,021 96	1,428	0,1250	12	0
	10	769,032	0,2900	29 882,497	1710	0,021 95	1,546	0,1250		10
	20	765,077	0,2903	30 191,322	1674	0,021 95	1,665	0,1250		20
	30	761,121	0,2907	30 500,146	1639	0,021 95	1,783	0,1250		30
	40	757,166	0,2910	30 808,971	1603	0,021 94	1,902	0,1249		40
	50	753,210	0,2914	31 117,795	1567	0,021 94	2,020	0,1249		50
13	0	749,255	0,2918	31 426,620	1532	0,021 93	2,139	0,1249	13	0
	10	745,299	0,2921	31 735,445	1496	0,021 93	2,257	0,1249		10
	20	741,343	0,2925	32 044,270	1460	0,021 93	2,376	0,1249		20
	30	737,386	0,2928	32 353,096	1425	0,021 92	2,495	0,1249		30
	40	733,430	0,2932	32 661,921	1389	0,021 92	2,613	0,1249		40
	50	729,473	0,2935	32 970,747	1353	0,021 92	2,732	0,1249		50
14	0	725,516	0,2939	33 279,572	1317	0,021 91	2,850	0,1249	14	0
	10	721,559	0,2943	33 588,398	1281	0,021 91	2,969	0,1249		10
	20	717,602	0,2946	33 897,224	1245	0,021 90	3,087	0,1249		20
	30	713,644	0,2950	34 206,050	1209	0,021 90	3,206	0,1249		30
	40	709,687	0,2953	34 514,877	1173	0,021 90	3,324	0,1249		40
	50	705,729	0,2957	34 823,703	1137	0,021 89	3,443	0,1248		50
15	0	701,771	0,2960	35 132,530	1100	0,021 89	3,561	0,1248	15	0
	10	697,813	0,2964	35 441,357	1064	0,021 89	3,680	0,1248		10
	20	693,855	0,2968	35 750,184	1028	0,021 88	3,798	0,1248		20
	30	689,896	0,2971	36 059,011	0991	0,021 88	3,916	0,1248		30
	40	685,938	0,2975	36 367,838	0955	0,021 87	4,035	0,1248		40
	50	681,979	0,2978	36 676,665	0919	0,021 87	4,153	0,1248		50
16	0	678,020	0,2982	36 985,493	0882	0,021 87	4,272	0,1248	16	0
	10	674,061	0,2985	37 294,321	0846	0,021 86	4,390	0,1248		10
	20	670,101	0,2989	37 603,149	0809	0,021 86	4,509	0,1248		20
	30	666,142	0,2993	37 911,977	0772	0,021 86	4,627	0,1248		30
	40	662,182	0,2996	38 220,805	0736	0,021 85	4,745	0,1248		40
	50	658,222	0,3000	38 529,633	0699	0,021 85	4,864	0,1248		50
17	0	654,262	0,3003	38 838,461	0662	0,021 84	4,982	0,1247	17	0
	10	650,302	0,3007	39 147,290	0625	0,021 84	5,101	0,1247		10
	20	646,341	0,3010	39 456,119	0589	0,021 84	5,219	0,1247		20
	30	642,381	0,3014	39 764,948	0552	0,021 83	5,337	0,1247		30
	40	638,420	0,3018	40 073,777	0515	0,021 83	5,456	0,1247		40
	50	634,459	0,3021	40 382,606	0478	0,021 83	5,574	0,1247		50
18	0	630,498	0,3025	40 691,435	0441	0,021 82	5,693	0,1247	18	0
	10	626,536	0,3028	41 000,265	0404	0,021 82	5,811	0,1247		10
	20	622,575	0,3032	41 309,094	0367	0,021 81	5,929	0,1247		20
	30	618,613	0,3035	41 617,924	0329	0,021 81	6,048	0,1247		30
	40	614,651	0,3039	41 926,754	0292	0,021 81	6,166	0,1247		40
	50	610,689	0,3043	42 235,584	0255	0,021 80	6,284	0,1247		50
19	0	606,727	0,3046	42 544,415	0218	0,021 80	6,403	0,1247	19	0
	10	602,764	0,3050	42 853,245	0180	0,021 79	6,521	0,1246		10
	20	598,802	0,3053	43 162,076	0143	0,021 79	6,639	0,1246		20
	30	594,839	0,3057	43 470,906	0105	0,021 79	6,758	0,1246		30
	40	590,876	0,3060	43 779,737	0068	0,021 78	6,876	0,1246		40
	50	586,913	0,3064	44 088,568	0030	0,021 78	6,994	0,1246		50
20	0	582,950	0,3067	44 397,399	9993	0,021 78	7,112	0,1246	20	0
		+ 75	–	+ 52	+ 484,	+	+ 264	+		
'	"	3,963	3	308,831	37	0	0,118	0	'	"

$r_3 = -0{,}000\ 18$

47°

′	″	r_1	r_2	h_0	h_1	h_2	n_1	n_2	′	″
		3,964	4	308,832	38	1	0,119	0		
		+ 75	–	+ 52	+ 484,	+	*+ 264	+		
20	0	582,950	0,3067	44 397,399	9993	0,021 78	*7,112	0,1246	20	0
	10	578,986	0,3071	44 706,231	9955	0,021 77	*7,231	0,1246		10
	20	575,022	0,3075	45 015,062	9918	0,021 77	*7,349	0,1246		20
	30	571,059	0,3078	45 323,894	9880	0,021 76	*7,467	0,1246		30
	40	567,095	0,3082	45 632,725	9842	0,021 76	*7,586	0,1246		40
	50	563,130	0,3085	45 941,557	9804	0,021 76	*7,704	0,1246		50
21	0	559,166	0,3089	46 250,389	9766	0,021 75	*7,822	0,1246	21	0
	10	555,201	0,3092	46 559,222	9728	0,021 75	*7,940	0,1246		10
	20	551,237	0,3096	46 868,054	9691	0,021 75	*8,059	0,1245		20
	30	547,272	0,3099	47 176,886	9653	0,021 74	*8,177	0,1245		30
	40	543,307	0,3103	47 485,719	9615	0,021 74	*8,295	0,1245		40
	50	539,341	0,3107	47 794,552	9576	0,021 73	*8,413	0,1245		50
22	0	535,376	0,3110	48 103,385	9538	0,021 73	*8,531	0,1245	22	0
	10	531,410	0,3114	48 412,218	9500	0,021 73	*8,650	0,1245		10
	20	527,444	0,3117	48 721,051	9462	0,021 72	*8,768	0,1245		20
	30	523,478	0,3121	49 029,885	9424	0,021 72	*8,886	0,1245		30
	40	519,512	0,3124	49 338,718	9385	0,021 72	*9,004	0,1245		40
	50	515,546	0,3128	49 647,552	9347	0,021 71	*9,122	0,1245		50
23	0	511,579	0,3131	49 956,386	9309	0,021 71	*9,241	0,1245	23	0
	10	507,613	0,3135	50 265,220	9270	0,021 70	*9,359	0,1245		10
	20	503,646	0,3139	50 574,054	9232	0,021 70	*9,477	0,1245		20
	30	499,679	0,3142	50 882,883	9143	0,021 70	*9,595	0,1244		30
	40	495,711	0,3146	51 191,723	9155	0,021 69	*9,713	0,1244		40
	50	491,744	0,3149	51 500,557	9116	0,021 69	*9,831	0,1244		50
24	0	487,776	0,3153	51 809,392	9077	0,021 69	*9,950	0,1244	24	0
	10	483,809	0,3156	52 118,227	9039	0,021 68	0,068	0,1244		10
	20	479,841	0,3160	52 427,062	9000	0,021 68	0,186	0,1244		20
	30	475,872	0,3163	52 735,897	8961	0,021 67	0,304	0,1244		30
	40	471,904	0,3167	53 044,733	8922	0,021 67	0,422	0,1244		40
	50	467,936	0,3170	53 353,568	8883	0,021 67	0,540	0,1244		50
25	0	463,967	0,3174	53 662,404	8844	0,021 66	0,658	0,1244	25	0
	10	459,998	0,3178	53 971,240	8805	0,021 66	0,776	0,1244		10
	20	456,029	0,3181	54 280,076	8766	0,021 66	0,894	0,1244		20
	30	452,060	0,3185	54 588,912	8727	0,021 65	1,012	0,1244		30
	40	448,090	0,3188	54 897,748	8688	0,021 65	1,131	0,1243		40
	50	444,121	0,3192	55 206,585	8649	0,021 64	1,249	0,1243		50
26	0	440,151	0,3195	55 515,421	8610	0,021 64	1,367	0,1243	26	0
	10	436,181	0,3199	55 824,258	8570	0,021 64	1,485	0,1243		10
	20	432,211	0,3202	56 133,095	8531	0,021 63	1,603	0,1243		20
	30	428,241	0,3206	56 441,932	8492	0,021 63	1,721	0,1243		30
	40	424,270	0,3209	56 750,769	8452	0,021 63	1,839	0,1243		40
	50	420,300	0,3213	57 059,606	8413	0,021 62	1,957	0,1243		50
27	0	416,329	0,3217	57 368,444	8373	0,021 62	2,075	0,1243	27	0
	10	412,358	0,3220	57 677,281	8334	0,021 61	2,193	0,1243		10
	20	408,387	0,3224	57 986,119	8294	0,021 61	2,311	0,1243		20
	30	404,415	0,3227	58 294,957	8255	0,021 61	2,429	0,1243		30
	40	400,444	0,3231	58 603,795	8215	0,021 60	2,547	0,1243		40
	50	396,472	0,3234	58 912,633	8175	0,021 60	2,665	0,1242		50
28	0	392,500	0,3238	59 221,472	8135	0,021 59	2,783	0,1242	28	0
	10	388,528	0,3241	59 530,310	8096	0,021 59	2,901	0,1242		10
	20	384,556	0,3245	59 839,149	8056	0,021 59	3,019	0,1242		20
	30	380,583	0,3248	60 147,988	8016	0,021 58	3,137	0,1242		30
	40	376,611	0,3252	60 456,827	7976	0,021 58	3,255	0,1242		40
	50	372,638	0,3255	60 765,666	7936	0,021 58	3,373	0,1242		50
29	0	368,665	0,3259	61 074,505	7896	0,021 57	3,491	0,1242	29	0
	10	364,692	0,3263	61 383,345	7856	0,021 57	3,609	0,1242		10
	20	360,719	0,3266	61 692,184	7816	0,021 56	3,727	0,1242		20
	30	356,745	0,3270	62 001,024	7775	0,021 56	3,845	0,1242		30
	40	352,771	0,3273	62 309,864	7735	0,021 56	3,963	0,1242		40
	50	348,797	0,3277	62 618,704	7695	0,021 55	4,080	0,1242		50
30	0	344,823	0,3280	62 927,544	7655	0,021 55	4,198	0,1241	30	0
		+ 75	–	+ 52	+ 484,	+	+ 265	+		
′	″	3,974	3	308,840	40	0	0,118	1	′	″

$r_3 = -0{,}000\ 18$

47°

'	"	3,974	4	308,840	41	0	0,118	0	'	"
		r_1	r_2	h_0	h_1	h_2	n_1	n_2		
		+ 75	–	+ 52	+ 484,	+	+ 265	+		
30	0	344,823	0,3280	62 927,544	7655	0,021 55	4,198	0,1241	30	0
	10	340,849	0,3284	63 236,384	7614	0,021 55	4,316	0,1241		10
	20	336,875	0,3287	63 545,225	7574	0,021 54	4,434	0,1241		20
	30	332,900	0,3291	63 854,065	7533	0,021 54	4,552	0,1241		30
	40	328,925	0,3294	64 162,906	7493	0,021 53	4,670	0,1241		40
	50	324,951	0,3298	64 471,747	7452	0,021 53	4,788	0,1241		50
31	0	320,975	0,3301	64 780,588	7412	0,021 53	4,906	0,1241	31	0
	10	317,000	0,3305	65 089,429	7371	0,021 52	5,024	0,1241		10
	20	313,025	0,3308	65 398,271	7331	0,021 52	5,142	0,1241		20
	30	309,049	0,3312	65 707,112	7290	0,021 52	5,259	0,1241		30
	40	305,073	0,3316	66 015,954	7249	0,021 51	5,377	0,1241		40
	50	301,097	0,3319	66 324,796	7208	0,021 51	5,495	0,1241		50
32	0	297,121	0,3323	66 633,638	7167	0,021 50	5,613	0,1241	32	0
	10	293,145	0,3326	66 942,480	7126	0,021 50	5,731	0,1240		10
	20	289,168	0,3330	67 251,322	7085	0,021 50	5,849	0,1240		20
	30	285,191	0,3333	67 560,165	7044	0,021 49	5,966	0,1240		30
	40	281,214	0,3337	67 869,007	7003	0,021 49	6,084	0,1240		40
	50	277,237	0,3340	68 177,850	6962	0,021 49	6,202	0,1240		50
33	0	273,260	0,3344	68 486,693	6921	0,021 48	6,320	0,1240	33	0
	10	269,283	0,3347	68 795,536	6880	0,021 48	6,438	0,1240		10
	20	265,305	0,3351	69 104,379	6839	0,021 47	6,555	0,1240		20
	30	261,327	0,3354	69 413,222	6798	0,021 47	6,673	0,1240		30
	40	257,349	0,3358	69 722,066	6756	0,021 47	6,791	0,1240		40
	50	253,371	0,3361	70 030,910	6715	0,021 46	6,909	0,1240		50
34	0	249,393	0,3365	70 339,753	6673	0,021 46	7,027	0,1240	34	0
	10	245,414	0,3368	70 648,597	6632	0,021 45	7,144	0,1240		10
	20	241,436	0,3372	70 957,441	6591	0,021 45	7,262	0,1239		20
	30	237,457	0,3375	71 266,286	6549	0,021 45	7,380	0,1239		30
	40	233,478	0,3379	71 575,130	6507	0,021 44	7,498	0,1239		40
	50	229,499	0,3382	71 883,975	6466	0,021 44	7,615	0,1239		50
35	0	225,519	0,3386	72 192,819	6424	0,021 44	7,733	0,1239	35	0
	10	221,540	0,3390	72 501,664	6382	0,021 43	7,851	0,1239		10
	20	217,560	0,3393	72 810,509	6341	0,021 43	7,968	0,1239		20
	30	213,580	0,3397	73 119,354	6299	0,021 42	8,086	0,1239		30
	40	209,600	0,3400	73 428,199	6257	0,021 42	8,204	0,1239		40
	50	205,620	0,3404	73 737,045	6215	0,021 42	8,322	0,1239		50
36	0	201,639	0,3407	74 045,890	6173	0,021 41	8,439	0,1239	36	0
	10	197,658	0,3411	74 354,736	6131	0,021 41	8,557	0,1239		10
	20	193,678	0,3414	74 663,582	6089	0,021 41	8,675	0,1239		20
	30	189,697	0,3418	74 972,428	6047	0,021 40	8,792	0,1238		30
	40	185,715	0,3421	75 281,274	6005	0,021 40	8,910	0,1238		40
	50	181,734	0,3425	75 590,121	5963	0,021 39	9,028	0,1238		50
37	0	177,753	0,3428	75 898,967	5920	0,021 39	9,145	0,1238	37	0
	10	173,771	0,3432	76 207,814	5878	0,021 39	9,263	0,1238		10
	20	169,789	0,3435	76 516,661	5836	0,021 38	9,381	0,1238		20
	30	165,807	0,3439	76 825,508	5793	0,021 38	9,498	0,1238		30
	40	161,825	0,3442	77 134,355	5751	0,021 38	9,616	0,1238		40
	50	157,842	0,3446	77 443,202	5708	0,021 37	9,733	0,1238		50
38	0	153,860	0,3449	77 752,049	5666	0,021 37	9,851	0,1238	38	0
	10	149,877	0,3453	78 060,897	5623	0,021 36	9,969	0,1238		10
	20	145,894	0,3456	78 369,744	5581	0,021 36	^0,086	0,1238		20
	30	141,911	0,3460	78 678,592	5538	0,021 36	^0,204	0,1237		30
	40	137,928	0,3463	78 987,440	5496	0,021 35	^0,321	0,1237		40
	50	133,944	0,3467	79 296,288	5453	0,021 35	^0,439	0,1237		50
39	0	129,960	0,3470	79 605,137	5410	0,021 35	^0,557	0,1237	39	0
	10	125,977	0,3474	79 913,985	5367	0,021 34	^0,674	0,1237		10
	20	121,992	0,3477	80 222,834	5324	0,021 34	^0,792	0,1237		20
	30	118,008	0,3481	80 531,683	5281	0,021 33	^0,909	0,1237		30
	40	114,024	0,3484	80 840,531	5238	0,021 33	^1,027	0,1237		40
	50	110,039	0,3488	81 149,380	5195	0,021 33	^1,144	0,1237		50
40	0	106,055	0,3491	81 458,230	5152	0,021 32	^1,262	0,1237	40	0
		+ 75	–	+ 52	+ 484,	+	^+ 266	+		
'	"	3,984	3	308,850	43	1	0,118	0	'	"

$r_3 = -0{,}000\ 18$

47°

′	″	3,985	4	308,849	43	0	0,117	0	′	″
		r_1	r_2	h_0	h_1	h_2	n_1	n_2		
		*+ 75	–	+ 52	+ 484,	+	+ 266	+		
40	0	*106,055	0,3491	81 458,230	5152	0,021 32	1,262	0,1237	40	0
	10	*102,070	0,3495	81 767,079	5109	0,021 32	1,379	0,1237		10
	20	*098,085	0,3498	82 075,929	5066	0,021 32	1,497	0,1237		20
	30	*094,099	0,3502	82 384,778	5023	0,021 31	1,615	0,1237		30
	40	*090,114	0,3505	82 693,628	4980	0,021 31	1,732	0,1236		40
	50	*086,128	0,3509	83 002,478	4936	0,021 30	1,850	0,1236		50
41	0	*082,142	0,3512	83 311,328	4893	0,021 30	1,967	0,1236	41	0
	10	*078,156	0,3516	83 620,178	4850	0,021 30	2,085	0,1236		10
	20	*074,170	0,3519	83 929,029	4806	0,021 29	2,202	0,1236		20
	30	*070,184	0,3523	84 237,879	4763	0,021 29	2,320	0,1236		30
	40	*066,197	0,3526	84 546,730	4719	0,021 28	2,437	0,1236		40
	50	*062,211	0,3530	84 855,581	4676	0,021 28	2,554	0,1236		50
42	0	*058,224	0,3533	85 164,432	4632	0,021 28	2,672	0,1236	42	0
	10	*054,237	0,3537	85 473,283	4589	0,021 27	2,789	0,1236		10
	20	*050,250	0,3540	85 782,134	4545	0,021 27	2,907	0,1236		20
	30	*046,262	0,3544	86 090,986	4501	0,021 27	3,024	0,1236		30
	40	*042,275	0,3547	86 399,837	4457	0,021 26	3,142	0,1236		40
	50	*038,287	0,3551	86 708,689	4414	0,021 26	3,259	0,1235		50
43	0	*034,299	0,3554	87 017,541	4370	0,021 25	3,377	0,1235	43	0
	10	*030,311	0,3558	87 326,393	4326	0,021 25	3,494	0,1235		10
	20	*026,323	0,3561	87 635,245	4282	0,021 25	3,611	0,1235		20
	30	*022,334	0,3565	87 944,097	4238	0,021 24	3,729	0,1235		30
	40	*018,345	0,3568	88 252,950	4194	0,021 24	3,846	0,1235		40
	50	*014,357	0,3572	88 561,803	4150	0,021 24	3,964	0,1235		50
44	0	*010,368	0,3575	88 870,655	4106	0,021 23	4,081	0,1235	44	0
	10	*006,378	0,3579	89 179,508	4061	0,021 23	4,198	0,1235		10
	20	*002,389	0,3582	89 488,361	4017	0,021 22	4,316	0,1235		20
	30	998,400	0,3586	89 797,215	3973	0,021 22	4,433	0,1235		30
	40	994,410	0,3589	90 106,068	3929	0,021 22	4,551	0,1235		40
	50	990,420	0,3593	90 414,922	3884	0,021 21	4,668	0,1235		50
45	0	986,430	0,3596	90 723,775	3840	0,021 21	4,785	0,1234	45	0
	10	982,440	0,3600	91 032,629	3795	0,021 21	4,903	0,1234		10
	20	978,449	0,3603	91 341,483	3751	0,021 20	5,020	0,1234		20
	30	974,459	0,3607	91 650,337	3706	0,021 20	5,137	0,1234		30
	40	970,468	0,3610	91 959,192	3662	0,021 19	5,255	0,1234		40
	50	966,477	0,3614	92 268,046	3617	0,021 19	5,372	0,1234		50
46	0	962,486	0,3617	92 576,901	3572	0,021 19	5,489	0,1234	46	0
	10	958,494	0,3621	92 885,756	3528	0,021 18	5,607	0,1234		10
	20	954,503	0,3624	93 194,610	3483	0,021 18	5,724	0,1234		20
	30	950,511	0,3628	93 503,465	3438	0,021 17	5,841	0,1234		30
	40	946,519	0,3631	93 812,321	3393	0,021 17	5,958	0,1234		40
	50	942,527	0,3635	94 121,176	3348	0,021 17	6,076	0,1234		50
47	0	938,535	0,3638	94 430,032	3303	0,021 16	6,193	0,1233	47	0
	10	934,543	0,3642	94 738,887	3258	0,021 16	6,310	0,1233		10
	20	930,550	0,3645	95 047,743	3213	0,021 16	6,428	0,1233		20
	30	926,558	0,3649	95 356,599	3168	0,021 15	6,545	0,1233		30
	40	922,565	0,3652	95 665,455	3123	0,021 15	6,662	0,1233		40
	50	918,572	0,3656	95 974,311	3078	0,021 14	6,779	0,1233		50
48	0	914,578	0,3659	96 283,168	3032	0,021 14	6,897	0,1233	48	0
	10	910,585	0,3663	96 592,024	2987	0,021 14	7,014	0,1233		10
	20	906,591	0,3666	96 900,881	2942	0,021 13	7,131	0,1233		20
	30	902,597	0,3670	97 209,738	2896	0,021 13	7,248	0,1233		30
	40	898,603	0,3673	97 518,595	2851	0,021 13	7,365	0,1233		40
	50	894,609	0,3677	97 827,452	2806	0,021 12	7,483	0,1233		50
49	0	890,615	0,3680	98 136,309	2760	0,021 12	7,600	0,1233	49	0
	10	886,620	0,3684	98 445,167	2715	0,021 11	7,717	0,1232		10
	20	882,626	0,3687	98 754,024	2669	0,021 11	7,834	0,1232		20
	30	878,631	0,3691	99 062,882	2623	0,021 11	7,951	0,1232		30
	40	874,636	0,3694	99 371,740	2578	0,021 10	8,069	0,1232		40
	50	870,641	0,3698	99 680,598	2532	0,021 10	8,186	0,1232		50
50	0	866,645	0,3701	99 989,456	2486	0,021 10	8,303	0,1232	50	0
		+ 74	–	+ 52	+ 484,	+	+ 266	+		
′	″	3,996	3	308,858	46	0	0,117	0	′	″

$r_3 = -0{,}000\ 18$

47°

'	"	3,995	4	308,859	46	1	0,117	0	'	"
		r_1	r_2	h_0	h_1	h_2	n_1	n_2		
		+ 74	–	^+ 52	+ 484,	+	^+ 266	+		
50	0	866,645	0,3701	^99 989,456	2486	0,021 10	^8,303	0,1232	50	0
	10	862,650	0,3705	00 298,315	2440	0,021 09	^8,420	0,1232		10
	20	858,654	0,3708	00 607,173	2394	0,021 09	^8,537	0,1232		20
	30	854,658	0,3712	00 916,032	2348	0,021 08	^8,654	0,1232		30
	40	850,662	0,3715	01 224,891	2302	0,021 08	^8,772	0,1232		40
	50	846,666	0,3718	01 533,750	2256	0,021 08	^8,889	0,1232		50
51	0	842,669	0,3722	01 842,609	2210	0,021 07	^9,006	0,1232	51	0
	10	838,673	0,3725	02 151,468	2164	0,021 07	^9,123	0,1232		10
	20	834,676	0,3729	02 460,327	2118	0,021 07	^9,240	0,1231		20
	30	830,679	0,3732	02 769,187	2072	0,021 06	^9,357	0,1231		30
	40	826,682	0,3736	03 078,047	2026	0,021 06	^9,474	0,1231		40
	50	822,684	0,3739	03 386,906	1979	0,021 05	^9,591	0,1231		50
52	0	818,687	0,3743	03 695,766	1933	0,021 05	^9,708	0,1231	52	0
	10	814,689	0,3746	04 004,627	1887	0,021 05	^9,826	0,1231		10
	20	810,691	0,3750	04 313,487	1840	0,021 04	^9,943	0,1231		20
	30	806,693	0,3753	04 622,347	1794	0,021 04	0,060	0,1231		30
	40	802,695	0,3757	04 931,208	1747	0,021 03	0,177	0,1231		40
	50	798,696	0,3760	05 240,069	1701	0,021 03	0,294	0,1231		50
53	0	794,698	0,3764	05 548,930	1654	0,021 03	0,411	0,1231	53	0
	10	790,699	0,3767	05 857,791	1608	0,021 02	0,528	0,1231		10
	20	786,700	0,3771	06 166,652	1561	0,021 02	0,645	0,1230		20
	30	782,701	0,3774	06 475,513	1514	0,021 02	0,762	0,1230		30
	40	778,702	0,3778	06 784,375	1467	0,021 01	0,879	0,1230		40
	50	774,702	0,3781	07 093,236	1420	0,021 01	0,996	0,1230		50
54	0	770,703	0,3784	07 402,098	1374	0,021 00	1,113	0,1230	54	0
	10	766,703	0,3788	07 710,960	1327	0,021 00	1,230	0,1230		10
	20	762,703	0,3791	08 019,822	1280	0,021 00	1,347	0,1230		20
	30	758,703	0,3795	08 328,685	1233	0,020 99	1,464	0,1230		30
	40	754,702	0,3798	08 637,547	1186	0,020 99	1,581	0,1230		40
	50	750,702	0,3802	08 946,410	1139	0,020 99	1,698	0,1230		50
55	0	746,701	0,3805	09 255,272	1091	0,020 98	1,815	0,1230	55	0
	10	742,700	0,3809	09 564,135	1044	0,020 98	1,932	0,1230		10
	20	738,699	0,3812	09 872,998	0997	0,020 97	2,049	0,1230		20
	30	734,698	0,3816	10 181,861	0950	0,020 97	2,166	0,1229		30
	40	730,696	0,3819	10 490,725	0902	0,020 97	2,283	0,1229		40
	50	726,695	0,3823	10 799,588	0855	0,020 96	2,400	0,1229		50
56	0	722,693	0,3826	11 108,452	0808	0,020 96	2,517	0,1229	56	0
	10	718,691	0,3830	11 417,315	0760	0,020 96	2,634	0,1229		10
	20	714,689	0,3833	11 726,179	0713	0,020 95	2,751	0,1229		20
	30	710,687	0,3837	12 035,043	0665	0,020 95	2,867	0,1229		30
	40	706,684	0,3840	12 343,908	0617	0,020 94	2,984	0,1229		40
	50	702,681	0,3843	12 652,772	0570	0,020 94	3,101	0,1229		50
57	0	698,679	0,3847	12 961,637	0522	0,020 94	3,218	0,1229	57	0
	10	694,676	0,3850	13 270,501	0474	0,020 93	3,335	0,1229		10
	20	690,672	0,3854	13 579,366	0427	0,020 93	3,452	0,1229		20
	30	686,669	0,3857	13 888,231	0379	0,020 92	3,569	0,1228		30
	40	682,666	0,3861	14 197,096	0331	0,020 92	3,686	0,1228		40
	50	678,662	0,3864	14 505,961	0283	0,020 92	3,803	0,1228		50
58	0	674,658	0,3868	14 814,827	0235	0,020 91	3,919	0,1228	58	0
	10	670,654	0,3871	15 123,692	0187	0,020 91	4,036	0,1228		10
	20	666,650	0,3875	15 432,558	0139	0,020 91	4,153	0,1228		20
	30	662,645	0,3878	15 741,424	0091	0,020 90	4,270	0,1228		30
	40	658,641	0,3882	16 050,290	0043	0,020 90	4,387	0,1228		40
	50	654,636	0,3885	16 359,156	^9994	0,020 89	4,504	0,1228		50
59	0	650,631	0,3888	16 668,022	^9946	0,020 89	4,621	0,1228	59	0
	10	646,626	0,3892	16 976,889	^9898	0,020 89	4,737	0,1228		10
	20	642,620	0,3895	17 285,755	^9850	0,020 88	4,854	0,1228		20
	30	638,615	0,3899	17 594,622	^9801	0,020 88	4,971	0,1228		30
	40	634,609	0,3902	17 903,489	^9753	0,020 88	5,088	0,1227		40
	50	630,603	0,3906	18 212,356	^9704	0,020 87	5,205	0,1227		50
60	0	626,597	0,3909	18 521,223	^9656	0,020 87	5,321	0,1227	60	0
		+ 74	–	+ 53	^+ 483,	+	+ 267	+		
'	"	4,006	3	308,867	48	0	0,116	0	'	"

$r_3 = -0{,}000\ 18$

48°

'	"	4,006	4	308,868	49	1	0,117	0	'	"
		r_1	r_2	h_0	h_1	h_2	n_1	n_2		
		+ 74	−	+ 53	+ 483,	+	+ 267	+		
0	0	626,597	0,3909	18 521,223	9656	0,020 87	5,321	0,1227	0	0
	10	622,591	0,3913	18 830,091	9607	0,020 86	5,438	0,1227		10
	20	618,585	0,3916	19 138,958	9559	0,020 86	5,555	0,1227		20
	30	614,578	0,3920	19 447,826	9510	0,020 86	5,672	0,1227		30
	40	610,572	0,3923	19 756,694	9461	0,020 85	5,788	0,1227		40
	50	606,565	0,3926	20 065,562	9412	0,020 85	5,905	0,1227		50
1	0	602,558	0,3930	20 374,430	9364	0,020 85	6,022	0,1227	1	0
	10	598,550	0,3933	20 683,298	9315	0,020 84	6,139	0,1227		10
	20	594,543	0,3937	20 992,167	9266	0,020 84	6,255	0,1227		20
	30	590,535	0,3940	21 301,035	9217	0,020 83	6,372	0,1227		30
	40	586,527	0,3944	21 609,904	9168	0,020 83	6,489	0,1227		40
	50	582,519	0,3947	21 918,773	9119	0,020 83	6,606	0,1226		50
2	0	578,511	0,3951	22 227,642	9070	0,020 82	6,722	0,1226	2	0
	10	574,503	0,3954	22 536,511	9021	0,020 82	6,839	0,1226		10
	20	570,495	0,3957	22 845,380	8972	0,020 81	6,956	0,1226		20
	30	566,486	0,3961	23 154,250	8923	0,020 81	7,072	0,1226		30
	40	562,477	0,3964	23 463,119	8873	0,020 81	7,189	0,1226		40
	50	558,468	0,3968	23 771,989	8824	0,020 80	7,306	0,1226		50
3	0	554,459	0,3971	24 080,859	8775	0,020 80	7,422	0,1226	3	0
	10	550,449	0,3975	24 389,729	8725	0,020 80	7,539	0,1226		10
	20	546,440	0,3978	24 698,599	8676	0,020 79	7,656	0,1226		20
	30	542,430	0,3982	25 007,470	8626	0,020 79	7,772	0,1226		30
	40	538,420	0,3985	25 316,340	8577	0,020 78	7,889	0,1226		40
	50	534,410	0,3988	25 625,211	8527	0,020 78	8,006	0,1225		50
4	0	530,400	0,3992	25 934,082	8478	0,020 78	8,122	0,1225	4	0
	10	526,389	0,3995	26 242,953	8428	0,020 77	8,239	0,1225		10
	20	522,379	0,3999	26 551,824	8378	0,020 77	8,356	0,1225		20
	30	518,368	0,4002	26 860,695	8329	0,020 77	8,472	0,1225		30
	40	514,357	0,4006	27 169,566	8279	0,020 76	8,589	0,1225		40
	50	510,346	0,4009	27 478,438	8229	0,020 76	8,706	0,1225		50
5	0	506,335	0,4013	27 787,310	8179	0,020 75	8,822	0,1225	5	0
	10	502,323	0,4016	28 096,181	8129	0,020 75	8,939	0,1225		10
	20	498,311	0,4019	28 405,054	8079	0,020 75	9,055	0,1225		20
	30	494,300	0,4023	28 713,926	8029	0,020 74	9,172	0,1225		30
	40	490,288	0,4026	29 022,798	7979	0,020 74	9,288	0,1225		40
	50	486,275	0,4030	29 331,670	7929	0,020 73	9,405	0,1225		50
6	0	482,263	0,4033	29 640,543	7879	0,020 73	9,522	0,1224	6	0
	10	478,250	0,4037	29 949,416	7829	0,020 73	9,638	0,1224		10
	20	474,238	0,4040	30 258,289	7778	0,020 72	9,755	0,1224		20
	30	470,225	0,4044	30 567,162	7728	0,020 72	9,871	0,1224		30
	40	466,212	0,4047	30 876,035	7678	0,020 72	9,988	0,1224		40
	50	462,198	0,4050	31 184,908	7627	0,020 71	^0,104	0,1224		50
7	0	458,185	0,4054	31 493,782	7577	0,020 71	^0,221	0,1224	7	0
	10	454,171	0,4057	31 802,656	7527	0,020 70	^0,337	0,1224		10
	20	450,158	0,4061	32 111,529	7476	0,020 70	^0,454	0,1224		20
	30	446,144	0,4064	32 420,403	7425	0,020 70	^0,570	0,1224		30
	40	442,129	0,4068	32 729,277	7375	0,020 69	^0,687	0,1224		40
	50	438,115	0,4071	33 038,152	7324	0,020 69	^0,803	0,1224		50
8	0	434,101	0,4074	33 347,026	7273	0,020 69	^0,920	0,1223	8	0
	10	430,086	0,4078	33 655,901	7223	0,020 68	^1,036	0,1223		10
	20	426,071	0,4081	33 964,775	7172	0,020 68	^1,153	0,1223		20
	30	422,056	0,4085	34 273,650	7121	0,020 67	^1,269	0,1223		30
	40	418,041	0,4088	34 582,525	7070	0,020 67	^1,386	0,1223		40
	50	413,025	0,4092	34 891,400	7019	0,020 67	^1,502	0,1223		50
9	0	410,010	0,4095	35 200,276	6968	0,020 66	^1,619	0,1223	9	0
	10	405,994	0,4098	35 509,151	6917	0,020 66	^1,735	0,1223		10
	20	401,978	0,4102	35 818,027	6866	0,020 66	^1,851	0,1223		20
	30	397,962	0,4105	36 126,903	6815	0,020 65	^1,968	0,1223		30
	40	393,946	0,4109	36 435,779	6764	0,020 65	^2,084	0,1223		40
	50	389,929	0,4112	36 744,655	6713	0,020 64	^2,201	0,1223		50
10	0	385,913	0,4116	37 053,531	6662	0,020 64	^2,317	0,1222	10	0
		+ 74	−	+ 53	+ 483,	+	^+ 268	+		
'	"	4,016	4	308,876	51	0	0,116	1	'	"

$r_3 = -0{,}000\ 18$

48°

'	"	4,017	3	308,876	52	0	0,117	0	'	"
		r_1	r_2	h_0	h_1	h_2	n_1	n_2		
		+ 74	−	+ 53	+ 483,	+	+ 268	+		
10	0	385,913	0,4116	37 053,531	6662	0,020 64	2,317	0,1222	10	0
	10	381,896	0,4119	37 362,407	6610	0,020 64	2,434	0,1222		10
	20	377,879	0,4122	37 671,284	6559	0,020 63	2,550	0,1222		20
	30	373,862	0,4126	37 980,160	6508	0,020 63	2,666	0,1222		30
	40	369,845	0,4129	38 289,037	6456	0,020 62	2,783	0,1222		40
	50	365,827	0,4133	38 597,914	6405	0,020 62	2,899	0,1222		50
11	0	361,809	0,4136	38 906,791	6353	0,020 62	3,015	0,1222	11	0
	10	357,792	0,4140	39 215,669	6302	0,020 61	3,132	0,1222		10
	20	353,774	0,4143	39 524,546	6250	0,020 61	3,248	0,1222		20
	30	349,755	0,4146	39 833,424	6198	0,020 61	3,365	0,1222		30
	40	345,737	0,4150	40 142,301	6147	0,020 60	3,481	0,1222		40
	50	341,719	0,4153	40 451,179	6095	0,020 60	3,597	0,1222		50
12	0	337,700	0,4157	40 760,057	6043	0,020 59	3,714	0,1222	12	0
	10	333,681	0,4160	41 068,935	5991	0,020 59	3,830	0,1221		10
	20	329,662	0,4164	41 377,814	5939	0,020 59	3,946	0,1221		20
	30	325,643	0,4167	41 686,692	5887	0,020 58	4,063	0,1221		30
	40	321,623	0,4170	41 995,571	5835	0,020 58	4,179	0,1221		40
	50	317,603	0,4174	42 304,449	5783	0,020 58	4,295	0,1221		50
13	0	313,584	0,4177	42 613,328	5731	0,020 57	4,411	0,1221	13	0
	10	309,564	0,4181	42 922,207	5679	0,020 57	4,528	0,1221		10
	20	305,544	0,4184	43 231,087	5627	0,020 56	4,644	0,1221		20
	30	301,523	0,4188	43 539,966	5575	0,020 56	4,760	0,1221		30
	40	297,503	0,4191	43 848,846	5523	0,020 56	4,877	0,1221		40
	50	293,482	0,4194	44 157,725	5470	0,020 55	4,993	0,1221		50
14	0	289,461	0,4198	44 466,605	5418	0,020 55	5,109	0,1221	14	0
	10	285,440	0,4201	44 775,485	5366	0,020 54	5,225	0,1220		10
	20	281,419	0,4205	45 084,365	5313	0,020 54	5,342	0,1220		20
	30	277,398	0,4208	45 393,245	5261	0,020 54	5,458	0,1220		30
	40	273,376	0,4211	45 702,126	5208	0,020 53	5,574	0,1220		40
	50	269,354	0,4215	46 011,006	5156	0,020 53	5,690	0,1220		50
15	0	265,333	0,4218	46 319,887	5103	0,020 53	5,807	0,1220	15	0
	10	261,310	0,4222	46 628,768	5050	0,020 52	5,923	0,1220		10
	20	257,288	0,4225	46 937,649	4998	0,020 52	6,039	0,1220		20
	30	253,266	0,4229	47 246,530	4945	0,020 51	6,155	0,1220		30
	40	249,243	0,4232	47 555,411	4892	0,020 51	6,271	0,1220		40
	50	245,220	0,4235	47 864,293	4839	0,020 51	6,388	0,1220		50
16	0	241,197	0,4239	48 173,175	4786	0,020 50	6,504	0,1220	16	0
	10	237,174	0,4242	48 482,056	4733	0,020 50	6,620	0,1220		10
	20	233,151	0,4246	48 790,938	4680	0,020 50	6,736	0,1219		20
	30	229,128	0,4249	49 099,820	4627	0,020 49	6,852	0,1219		30
	40	225,104	0,4252	49 408,702	4574	0,020 49	6,968	0,1219		40
	50	221,080	0,4256	49 717,585	4521	0,020 48	7,085	0,1219		50
17	0	217,056	0,4259	50 026,467	4468	0,020 48	7,201	0,1219	17	0
	10	213,032	0,4263	50 335,350	4415	0,020 48	7,317	0,1219		10
	20	209,008	0,4266	50 644,233	4362	0,020 47	7,433	0,1219		20
	30	204,983	0,4269	50 953,116	4308	0,020 47	7,549	0,1219		30
	40	200,958	0,4273	51 261,999	4255	0,020 46	7,665	0,1219		40
	50	196,933	0,4276	51 570,882	4202	0,020 46	7,781	0,1219		50
18	0	192,908	0,4280	51 879,766	4148	0,020 46	7,897	0,1219	18	0
	10	188,883	0,4283	52 188,649	4095	0,020 45	8,014	0,1219		10
	20	184,858	0,4286	52 497,533	4041	0,020 45	8,130	0,1218		20
	30	180,832	0,4290	52 806,417	3988	0,020 45	8,246	0,1218		30
	40	176,806	0,4293	53 115,301	3934	0,020 44	8,362	0,1218		40
	50	172,780	0,4297	53 424,185	3880	0,020 44	8,478	0,1218		50
19	0	168,754	0,4300	53 733,069	3827	0,020 43	8,594	0,1218	19	0
	10	164,728	0,4304	54 041,954	3773	0,020 43	8,710	0,1218		10
	20	160,701	0,4307	54 350,838	3719	0,020 43	8,826	0,1218		20
	30	156,675	0,4310	54 659,723	3665	0,020 42	8,942	0,1218		30
	40	152,648	0,4314	54 968,608	3611	0,020 42	9,058	0,1218		40
	50	148,621	0,4317	55 277,493	3558	0,020 42	9,174	0,1218		50
20	0	144,594	0,4321	55 586,378	3504	0,020 41	9,290	0,1218	20	0
		+ 74	−	+ 53	+ 483,	+	+ 268	+		
'	"	4,027	4	308,885	54	1	0,116	0	'	"

$r_3 = -0{,}000\ 18$

48°

'	"	4,028	3	308,886	54	0	0,116	0	'	"
		r_1	r_2	h_0	h_1	h_2	n_1	n_2		
		+ 74	−	+ 53	+ 483,	+	▲+ 268	+		
20	0	144,594	0,4321	55 586,378	3504	0,020 41	▲9,290	0,1218	20	0
	10	140,566	0,4324	55 895,264	3450	0,020 41	▲9,406	0,1218		10
	20	136,539	0,4327	56 204,149	3395	0,020 40	▲9,522	0,1217		20
	30	132,511	0,4331	56 513,035	3341	0,020 40	▲9,638	0,1217		30
	40	128,483	0,4334	56 821,921	3287	0,020 40	▲9,754	0,1217		40
	50	124,455	0,4338	57 130,807	3233	0,020 39	▲9,870	0,1217		50
21	0	120,427	0,4341	57 439,693	3179	0,020 39	▲9,986	0,1217	21	0
	10	116,399	0,4344	57 748,579	3124	0,020 39	0,102	0,1217		10
	20	112,370	0,4348	58 057,465	3070	0,020 38	0,218	0,1217		20
	30	108,341	0,4351	58 366,352	3016	0,020 38	0,334	0,1217		30
	40	104,312	0,4355	58 675,239	2961	0,020 37	0,450	0,1217		40
	50	100,283	0,4358	58 984,125	2907	0,020 37	0,566	0,1217		50
22	0	096,254	0,4361	59 293,012	2852	0,020 37	0,682	0,1217	22	0
	10	092,225	0,4365	59 601,900	2798	0,020 36	0,798	0,1217		10
	20	088,195	0,4368	59 910,787	2743	0,020 36	0,914	0,1216		20
	30	084,165	0,4371	60 219,674	2688	0,020 35	1,030	0,1216		30
	40	080,135	0,4375	60 528,562	2634	0,020 35	1,146	0,1216		40
	50	076,105	0,4378	60 837,450	2579	0,020 35	1,262	0,1216		50
23	0	072,075	0,4382	61 146,338	2524	0,020 34	1,378	0,1216	23	0
	10	068,044	0,4385	61 455,226	2469	0,020 34	1,494	0,1216		10
	20	064,013	0,4388	61 764,114	2414	0,020 34	1,610	0,1216		20
	30	059,983	0,4392	62 073,002	2360	0,020 33	1,725	0,1216		30
	40	055,952	0,4395	62 381,891	2305	0,020 33	1,841	0,1216		40
	50	051,920	0,4399	62 690,779	2250	0,020 32	1,957	0,1216		50
24	0	047,889	0,4402	62 999,668	2194	0,020 32	2,073	0,1216	24	0
	10	043,857	0,4405	63 308,557	2139	0,020 32	2,189	0,1216		10
	20	039,826	0,4409	63 617,446	2084	0,020 31	2,305	0,1216		20
	30	035,794	0,4412	63 926,336	2029	0,020 31	2,421	0,1215		30
	40	031,762	0,4416	64 235,225	1974	0,020 31	2,537	0,1215		40
	50	027,729	0,4419	64 544,115	1918	0,020 30	2,652	0,1215		50
25	0	023,697	0,4422	64 853,004	1863	0,020 30	2,768	0,1215	25	0
	10	019,664	0,4426	65 161,894	1808	0,020 29	2,884	0,1215		10
	20	015,632	0,4429	65 470,784	1752	0,020 29	3,000	0,1215		20
	30	011,599	0,4433	65 779,674	1697	0,020 29	3,116	0,1215		30
	40	007,565	0,4436	66 088,565	1641	0,020 28	3,232	0,1215		40
	50	003,532	0,4439	66 397,455	1586	0,020 28	3,347	0,1215		50
26	0	▲999,499	0,4443	66 706,346	1530	0,020 27	3,463	0,1215	26	0
	10	▲995,465	0,4446	67 015,236	1474	0,020 27	3,579	0,1215		10
	20	▲991,431	0,4449	67 324,127	1419	0,020 27	3,695	0,1215		20
	30	▲987,397	0,4453	67 633,018	1363	0,020 26	3,811	0,1214		30
	40	▲983,363	0,4456	67 941,910	1307	0,020 26	3,926	0,1214		40
	50	▲979,329	0,4460	68 250,801	1251	0,020 26	4,042	0,1214		50
27	0	▲975,294	0,4463	68 559,692	1196	0,020 25	4,158	0,1214	27	0
	10	▲971,259	0,4466	68 868,584	1140	0,020 25	4,274	0,1214		10
	20	▲967,224	0,4470	69 177,476	1084	0,020 24	4,389	0,1214		20
	30	▲963,189	0,4473	69 486,368	1028	0,020 24	4,505	0,1214		30
	40	▲959,154	0,4477	69 795,260	0972	0,020 24	4,621	0,1214		40
	50	▲955,119	0,4480	70 104,152	0915	0,020 23	4,737	0,1214		50
28	0	▲951,083	0,4483	70 413,045	0859	0,020 23	4,852	0,1214	28	0
	10	▲947,047	0,4487	70 721,937	0803	0,020 23	4,968	0,1214		10
	20	▲943,011	0,4490	71 030,830	0747	0,020 22	5,084	0,1214		20
	30	▲938,975	0,4493	71 339,723	0691	0,020 22	5,199	0,1213		30
	40	▲934,939	0,4497	71 648,616	0634	0,020 21	5,315	0,1213		40
	50	▲930,902	0,4500	71 957,509	0578	0,020 21	5,431	0,1213		50
29	0	▲926,866	0,4504	72 266,402	0521	0,020 21	5,547	0,1213	29	0
	10	▲922,829	0,4507	72 575,296	0465	0,020 20	5,662	0,1213		10
	20	▲918,792	0,4510	72 884,189	0408	0,020 20	5,778	0,1213		20
	30	▲914,755	0,4514	73 193,083	0352	0,020 19	5,894	0,1213		30
	40	▲910,717	0,4517	73 501,977	0295	0,020 19	6,009	0,1213		40
	50	▲906,680	0,4520	73 810,871	0239	0,020 19	6,125	0,1213		50
30	0	▲902,642	0,4524	74 119,765	0182	0,020 18	6,241	0,1213	30	0
		▲+ 73	−	+ 53	+ 483,	+	+ 269	+		
'	"	4,038	4	308,894	57	1	0,116	0	'	"

$r_3 = -0,000\ 18$

48°

'	"	4,038	3	308,895	57	0	0,115	0	'	"
		r_1	r_2	h_0	h_1	h_2	n_1	n_2		
		+ 73	−	+ 53	*+ 483,	+	+ 269	+		
30	0	902,642	0,4524	74 119,765	*0182	0,020 18	6,241	0,1213	30	0
	10	898,604	0,4527	74 428,660	*0125	0,020 18	6,356	0,1213		10
	20	894,566	0,4531	74 737,554	*0068	0,020 18	6,472	0,1213		20
	30	890,528	0,4534	75 046,449	*0011	0,020 17	6,588	0,1212		30
	40	886,490	0,4537	75 355,344	9955	0,020 17	6,703	0,1212		40
	50	882,451	0,4541	75 664,239	9898	0,020 16	6,819	0,1212		50
31	0	878,412	0,4544	75 973,134	9841	0,020 16	6,934	0,1212	31	0
	10	874,373	0,4547	76 282,029	9784	0,020 16	7,050	0,1212		10
	20	870,334	0,4551	76 590,924	9727	0,020 15	7,166	0,1212		20
	30	866,295	0,4554	76 899,820	9669	0,020 15	7,281	0,1212		30
	40	862,256	0,4558	77 208,716	9612	0,020 15	7,397	0,1212		40
	50	858,216	0,4561	77 517,611	9555	0,020 14	7,512	0,1212		50
32	0	854,176	0,4564	77 826,507	9498	0,020 14	7,628	0,1212	32	0
	10	850,136	0,4568	78 135,404	9441	0,020 13	7,743	0,1212		10
	20	846,096	0,4571	78 444,300	9383	0,020 13	7,859	0,1212		20
	30	842,056	0,4574	78 753,196	9326	0,020 13	7,975	0,1212		30
	40	838,015	0,4578	79 062,093	9268	0,020 12	8,090	0,1211		40
	50	833,975	0,4581	79 370,990	9211	0,020 12	8,206	0,1211		50
33	0	829,934	0,4584	79 679,887	9153	0,020 11	8,321	0,1211	33	0
	10	825,893	0,4588	79 988,784	9096	0,020 11	8,437	0,1211		10
	20	821,851	0,4591	80 297,681	9038	0,020 11	8,552	0,1211		20
	30	817,810	0,4595	80 606,578	8981	0,020 10	8,668	0,1211		30
	40	813,769	0,4598	80 915,476	8923	0,020 10	8,783	0,1211		40
	50	809,727	0,4601	81 224,373	8865	0,020 10	8,899	0,1211		50
34	0	805,685	0,4605	81 533,271	8807	0,020 09	9,014	0,1211	34	0
	10	801,643	0,4608	81 842,169	8750	0,020 09	9,130	0,1211		10
	20	797,601	0,4611	82 151,067	8692	0,020 08	9,245	0,1211		20
	30	793,558	0,4615	82 459,965	8634	0,020 08	9,361	0,1211		30
	40	789,516	0,4618	82 768,864	8576	0,020 08	9,476	0,1210		40
	50	785,473	0,4621	83 077,762	8518	0,020 07	9,592	0,1210		50
35	0	781,430	0,4625	83 386,661	8460	0,020 07	9,707	0,1210	35	0
	10	777,387	0,4628	83 695,560	8402	0,020 07	9,823	0,1210		10
	20	773,343	0,4632	84 004,459	8343	0,020 06	9,938	0,1210		20
	30	769,300	0,4635	84 313,358	8285	0,020 06	*0,054	0,1210		30
	40	765,256	0,4638	84 622,257	8227	0,020 05	*0,169	0,1210		40
	50	761,212	0,4642	84 931,157	8169	0,020 05	*0,284	0,1210		50
36	0	757,168	0,4645	85 240,056	8110	0,020 05	*0,400	0,1210	36	0
	10	753,124	0,4648	85 548,956	8052	0,020 04	*0,515	0,1210		10
	20	749,080	0,4652	85 857,856	7993	0,020 04	*0,631	0,1210		20
	30	745,035	0,4655	86 166,756	7935	0,020 03	*0,746	0,1210		30
	40	740,991	0,4658	86 475,656	7876	0,020 03	*0,861	0,1209		40
	50	736,946	0,4662	86 784,557	7818	0,020 03	*0,977	0,1209		50
37	0	732,901	0,4665	87 093,457	7759	0,020 02	*1,092	0,1209	37	0
	10	728,856	0,4668	87 402,358	7701	0,020 02	*1,208	0,1209		10
	20	724,810	0,4672	87 711,258	7642	0,020 02	*1,323	0,1209		20
	30	720,765	0,4675	88 020,159	7583	0,020 01	*1,438	0,1209		30
	40	716,719	0,4679	88 329,061	7524	0,020 01	*1,554	0,1209		40
	50	712,673	0,4682	88 637,962	7466	0,020 00	*1,669	0,1209		50
38	0	708,627	0,4685	88 946,863	7407	0,020 00	*1,784	0,1209	38	0
	10	704,581	0,4689	89 255,765	7348	0,020 00	*1,900	0,1209		10
	20	700,534	0,4692	89 564,666	7289	0,019 99	*2,015	0,1209		20
	30	696,488	0,4695	89 873,568	7230	0,019 99	*2,130	0,1209		30
	40	692,441	0,4699	90 182,470	7171	0,019 99	*2,246	0,1208		40
	50	688,394	0,4702	90 491,372	7112	0,019 98	*2,361	0,1208		50
39	0	684,347	0,4705	90 800,275	7052	0,019 98	*2,476	0,1208	39	0
	10	680,299	0,4709	91 109,177	6993	0,019 97	*2,592	0,1208		10
	20	676,252	0,4712	91 418,080	6934	0,019 97	*2,707	0,1208		20
	30	672,204	0,4715	91 726,982	6875	0,019 97	*2,822	0,1208		30
	40	668,156	0,4719	92 035,885	6815	0,019 96	*2,938	0,1208		40
	50	664,108	0,4722	92 344,788	6756	0,019 96	*3,053	0,1208		50
40	0	660,060	0,4725	92 653,692	6697	0,019 95	*3,168	0,1208	40	0
		+ 73	−	+ 53	+ 482,	+	*+ 270	+		
'	"	4,048	3	308,904	59	1	0,115	0	'	"

$r_3 = -0{,}000\ 18$

48°

'	"	4,048	4	308,903	60	0	0,115	0	'	"
		r_1	r_2	h_0	h_1	h_2	n_1	n_2		
		+ 73	–	+ 53	+ 482,	+	+ 270	+		
40	0	660,060	0,4725	92 653,692	6697	0,019 95	3,168	0,1208	40	0
	10	656,012	0,4729	92 962,595	6637	0,019 95	3,283	0,1208		10
	20	651,963	0,4732	93 271,498	6578	0,019 95	3,399	0,1208		20
	30	647,914	0,4735	93 580,402	6518	0,019 94	3,514	0,1208		30
	40	643,866	0,4739	93 889,306	6458	0,019 94	3,629	0,1207		40
	50	639,817	0,4742	94 198,210	6399	0,019 94	3,744	0,1207		50
41	0	635,767	0,4746	94 507,114	6339	0,019 93	3,860	0,1207	41	0
	10	631,718	0,4749	94 816,018	6279	0,019 93	3,975	0,1207		10
	20	627,668	0,4752	95 124,922	6220	0,019 92	4,090	0,1207		20
	30	623,619	0,4756	95 433,827	6160	0,019 92	4,205	0,1207		30
	40	619,569	0,4759	95 742,732	6100	0,019 92	4,320	0,1207		40
	50	615,518	0,4762	96 051,636	6040	0,019 91	4,436	0,1207		50
42	0	611,468	0,4766	96 360,541	5980	0,019 91	4,551	0,1207	42	0
	10	607,418	0,4769	96 669,447	5920	0,019 91	4,666	0,1207		10
	20	603,367	0,4772	96 978,352	5860	0,019 90	4,781	0,1207		20
	30	599,316	0,4776	97 287,257	5800	0,019 90	4,896	0,1207		30
	40	595,265	0,4779	97 596,163	5740	0,019 89	5,012	0,1206		40
	50	591,214	0,4782	97 905,069	5679	0,019 89	5,127	0,1206		50
43	0	587,163	0,4786	98 213,975	5619	0,019 89	5,242	0,1206	43	0
	10	583,111	0,4789	98 522,881	5559	0,019 88	5,357	0,1206		10
	20	579,060	0,4792	98 831,787	5498	0,019 88	5,472	0,1206		20
	30	575,008	0,4796	99 140,693	5438	0,019 87	5,587	0,1206		30
	40	570,956	0,4799	99 449,600	5378	0,019 87	5,702	0,1206		40
	50	566,904	0,4802	99 758,506	5317	0,019 87	5,818	0,1206		50
44	0	562,851	0,4806	00 067,413	5257	0,019 86	5,933	0,1206	44	0
	10	558,799	0,4809	00 376,320	5196	0,019 86	6,048	0,1206		10
	20	554,746	0,4812	00 685,227	5135	0,019 86	6,163	0,1206		20
	30	550,693	0,4816	00 994,134	5075	0,019 85	6,278	0,1206		30
	40	546,640	0,4819	01 303,042	5014	0,019 85	6,393	0,1205		40
	50	542,587	0,4822	01 611,949	4953	0,019 84	6,508	0,1205		50
45	0	538,533	0,4826	01 920,857	4893	0,019 84	6,623	0,1205	45	0
	10	534,480	0,4829	02 229,765	4832	0,019 84	6,738	0,1205		10
	20	530,426	0,4832	02 538,673	4771	0,019 83	6,853	0,1205		20
	30	526,372	0,4836	02 847,581	4710	0,019 83	6,969	0,1205		30
	40	522,318	0,4839	03 156,489	4649	0,019 83	7,084	0,1205		40
	50	518,263	0,4842	03 465,397	4588	0,019 82	7,199	0,1205		50
46	0	514,209	0,4846	03 774,306	4527	0,019 82	7,314	0,1205	46	0
	10	510,154	0,4849	04 083,215	4466	0,019 81	7,429	0,1205		10
	20	506,100	0,4852	04 392,124	4405	0,019 81	7,544	0,1205		20
	30	502,045	0,4856	04 701,033	4343	0,019 81	7,659	0,1205		30
	40	497,989	0,4859	05 009,942	4282	0,019 80	7,774	0,1204		40
	50	493,934	0,4862	05 318,851	4221	0,019 80	7,889	0,1204		50
47	0	489,879	0,4866	05 627,761	4160	0,019 79	8,004	0,1204	47	0
	10	485,823	0,4869	05 936,670	4098	0,019 79	8,119	0,1204		10
	20	481,767	0,4872	06 245,580	4037	0,019 79	8,234	0,1204		20
	30	477,711	0,4876	06 554,490	3975	0,019 78	8,349	0,1204		30
	40	473,655	0,4879	06 863,400	3914	0,019 78	8,464	0,1204		40
	50	469,598	0,4882	07 172,310	3852	0,019 78	8,579	0,1204		50
48	0	465,542	0,4886	07 481,221	3791	0,019 77	8,694	0,1204	48	0
	10	461,485	0,4889	07 790,131	3729	0,019 77	8,809	0,1204		10
	20	457,428	0,4892	08 099,042	3667	0,019 76	8,924	0,1204		20
	30	453,371	0,4896	08 407,953	3606	0,019 76	9,039	0,1204		30
	40	449,314	0,4899	08 716,864	3544	0,019 76	9,153	0,1203		40
	50	445,256	0,4902	09 025,775	3482	0,019 75	9,268	0,1203		50
49	0	441,199	0,4906	09 334,686	3420	0,019 75	9,383	0,1203	49	0
	10	437,141	0,4909	09 643,597	3358	0,019 74	9,498	0,1203		10
	20	433,083	0,4912	09 952,509	3296	0,019 74	9,613	0,1203		20
	30	429,025	0,4916	10 261,421	3234	0,019 74	9,728	0,1203		30
	40	424,967	0,4919	10 570,333	3172	0,019 73	9,843	0,1203		40
	50	420,908	0,4922	10 879,245	3110	0,019 73	9,958	0,1203		50
50	0	416,849	0,4925	11 188,157	3048	0,019 73	0,073	0,1203	50	0
		+ 73	–	+ 54	+ 482,	+	+ 271	+		
'	"	4,059	3	308,912	62	0	0,115	0	'	"

$r_3 = -0{,}000\ 18$

48°

'	"	4,058	4	308,912	62	1	0,115	0	'	"
		r_1	r_2	h_0	h_1	h_2	n_1	n_2		
		+ 73	−	+ 54	+ 482,	+	+ 271	+		
50	0	416,849	0,4925	11 188,157	3048	0,019 73	0,073	0,1203	50	0
	10	412,791	0,4929	11 497,069	2986	0,019 72	0,188	0,1203		10
	20	408,732	0,4932	11 805,981	2923	0,019 72	0,303	0,1203		20
	30	404,672	0,4935	12 114,894	2861	0,019 71	0,417	0,1203		30
	40	400,613	0,4939	12 423,807	2799	0,019 71	0,532	0,1202		40
	50	396,554	0,4942	12 732,720	2736	0,019 71	0,647	0,1202		50
51	0	392,494	0,4945	13 041,633	2674	0,019 70	0,762	0,1202	51	0
	10	388,434	0,4949	13 350,546	2611	0,019 70	0,877	0,1202		10
	20	384,374	0,4952	13 659,459	2549	0,019 70	0,992	0,1202		20
	30	380,314	0,4955	13 968,373	2486	0,019 69	1,106	0,1202		30
	40	376,253	0,4959	14 277,287	2424	0,019 69	1,221	0,1202		40
	50	372,193	0,4962	14 586,200	2361	0,019 68	1,336	0,1202		50
52	0	368,132	0,4965	14 895,114	2298	0,019 68	1,451	0,1202	52	0
	10	364,071	0,4969	15 204,028	2236	0,019 68	1,566	0,1202		10
	20	360,010	0,4972	15 512,943	2173	0,019 67	1,681	0,1202		20
	30	355,949	0,4975	15 821,857	2110	0,019 67	1,795	0,1202		30
	40	351,887	0,4979	16 130,772	2047	0,019 66	1,910	0,1201		40
	50	347,826	0,4982	16 439,686	1984	0,019 66	2,025	0,1201		50
53	0	343,764	0,4985	16 748,601	1921	0,019 66	2,140	0,1201	53	0
	10	339,702	0,4988	17 057,516	1858	0,019 65	2,254	0,1201		10
	20	335,640	0,4992	17 366,431	1795	0,019 65	2,369	0,1201		20
	30	331,578	0,4995	17 675,347	1732	0,019 65	2,484	0,1201		30
	40	327,515	0,4998	17 984,262	1669	0,019 64	2,599	0,1201		40
	50	323,452	0,5002	18 293,178	1606	0,019 64	2,713	0,1201		50
54	0	319,390	0,5005	18 602,094	1543	0,019 63	2,828	0,1201	54	0
	10	315,327	0,5008	18 911,009	1479	0,019 63	2,943	0,1201		10
	20	311,263	0,5012	19 219,926	1416	0,019 63	3,058	0,1201		20
	30	307,200	0,5015	19 528,842	1353	0,019 62	3,172	0,1201		30
	40	303,137	0,5018	19 837,758	1289	0,019 62	3,287	0,1200		40
	50	299,073	0,5022	20 146,675	1226	0,019 62	3,402	0,1200		50
55	0	295,009	0,5025	20 455,591	1162	0,019 61	3,516	0,1200	55	0
	10	290,945	0,5028	20 764,508	1099	0,019 61	3,631	0,1200		10
	20	286,881	0,5031	21 073,425	1035	0,019 60	3,746	0,1200		20
	30	282,816	0,5035	21 382,342	0971	0,019 60	3,861	0,1200		30
	40	278,752	0,5038	21 691,259	0908	0,019 60	3,975	0,1200		40
	50	274,687	0,5041	22 000,177	0844	0,019 59	4,090	0,1200		50
56	0	270,622	0,5045	22 309,094	0780	0,019 59	4,205	0,1200	56	0
	10	266,557	0,5048	22 618,012	0716	0,019 58	4,319	0,1200		10
	20	262,492	0,5051	22 926,930	0652	0,019 58	4,434	0,1200		20
	30	258,426	0,5055	23 235,848	0589	0,019 58	4,548	0,1200		30
	40	254,361	0,5058	23 544,766	0525	0,019 57	4,663	0,1199		40
	50	250,295	0,5061	23 853,684	0461	0,019 57	4,778	0,1199		50
57	0	246,229	0,5065	24 162,603	0396	0,019 57	4,892	0,1199	57	0
	10	242,163	0,5068	24 471,521	0332	0,019 56	5,007	0,1199		10
	20	238,097	0,5071	24 780,440	0268	0,019 56	5,122	0,1199		20
	30	234,030	0,5074	25 089,359	0204	0,019 55	5,236	0,1199		30
	40	229,964	0,5078	25 398,278	0140	0,019 55	5,351	0,1199		40
	50	225,897	0,5081	25 707,197	0076	0,019 55	5,465	0,1199		50
58	0	221,830	0,5084	26 016,117	0011	0,019 54	5,580	0,1199	58	0
	10	217,763	0,5088	26 325,036	▲9947	0,019 54	5,695	0,1199		10
	20	213,695	0,5091	26 633,956	▲9882	0,019 54	5,809	0,1199		20
	30	209,628	0,5094	26 942,876	▲9818	0,019 53	5,924	0,1199		30
	40	205,560	0,5097	27 251,795	▲9753	0,019 53	6,038	0,1198		40
	50	201,492	0,5101	27 560,716	▲9689	0,019 52	6,153	0,1198		50
59	0	197,424	0,5104	27 869,636	▲9624	0,019 52	6,267	0,1198	59	0
	10	193,356	0,5107	28 178,556	▲9560	0,019 52	6,382	0,1198		10
	20	189,288	0,5111	28 487,477	▲9495	0,019 51	6,496	0,1198		20
	30	185,219	0,5114	28 796,397	▲9430	0,019 51	6,611	0,1198		30
	40	181,150	0,5117	29 105,318	▲9365	0,019 50	6,725	0,1198		40
	50	177,081	0,5121	29 414,239	▲9301	0,019 50	6,840	0,1198		50
60	0	173,012	0,5124	29 723,160	▲9236	0,019 50	6,954	0,1198	60	0
		+ 73	−	+ 54	▲+ 481,	+	+ 271	+		
'	"	4,069	3	308,921	65	0	0,114	0	'	"

$r_3 = -\,0{,}000\ 18$

49°

'	"	r1	r2	h0	h1	h2	n1	n2	'	"
		4,069	3	308,922	65	1	0,115	0		
'	"	r_1	r_2	h_0	h_1	h_2	n_1	n_2	'	"
		+ 73	-	+ 54	+ 481,	+	*+ 271	+		
0	0	173,012	0,5124	29 723,160	9236	0,019 50	*6,954	0,1198	0	0
	10	168,943	0,5127	30 032,082	9171	0,019 49	*7,069	0,1198		10
	20	164,874	0,5130	30 341,003	9106	0,019 49	*7,183	0,1198		20
	30	160,804	0,5134	30 649,925	9041	0,019 49	*7,298	0,1198		30
	40	156,734	0,5137	30 958,846	8976	0,019 48	*7,412	0,1197		40
	50	152,664	0,5140	31 267,768	8911	0,019 48	*7,527	0,1197		50
1	0	148,594	0,5144	31 576,690	8846	0,019 47	*7,641	0,1197	1	0
	10	144,524	0,5147	31 885,613	8780	0,019 47	*7,756	0,1197		10
	20	140,453	0,5150	32 194,535	8715	0,019 47	*7,870	0,1197		20
	30	136,383	0,5153	32 503,457	8650	0,019 46	*7,985	0,1197		30
	40	132,312	0,5157	32 812,380	8584	0,019 46	*8,099	0,1197		40
	50	128,241	0,5160	33 121,303	8519	0,019 45	*8,214	0,1197		50
2	0	124,170	0,5163	33 430,226	8454	0,019 45	*8,328	0,1197	2	0
	10	120,099	0,5167	33 739,149	8388	0,019 45	*8,442	0,1197		10
	20	116,027	0,5170	34 048,072	8323	0,019 44	*8,557	0,1197		20
	30	111,955	0,5173	34 356,995	8257	0,019 44	*8,671	0,1196		30
	40	107,884	0,5176	34 665,919	8192	0,019 44	*8,786	0,1196		40
	50	103,812	0,5180	34 974,843	8126	0,019 43	*8,900	0,1196		50
3	0	099,739	0,5183	35 283,766	8060	0,019 43	*9,015	0,1196	3	0
	10	095,667	0,5186	35 592,690	7995	0,019 42	*9,129	0,1196		10
	20	091,594	0,5190	35 901,615	7929	0,019 42	*9,243	0,1196		20
	30	087,522	0,5193	36 210,539	7863	0,019 42	*9,358	0,1196		30
	40	083,449	0,5196	36 519,463	7797	0,019 41	*9,472	0,1196		40
	50	079,376	0,5199	36 828,388	7731	0,019 41	*9,586	0,1196		50
4	0	075,302	0,5203	37 137,313	7665	0,019 41	*9,701	0,1196	4	0
	10	071,229	0,5206	37 446,237	7599	0,019 40	*9,815	0,1196		10
	20	067,156	0,5209	37 755,162	7533	0,019 40	*9,929	0,1196		20
	30	063,082	0,5213	38 064,088	7467	0,019 39	0,044	0,1195		30
	40	059,008	0,5216	38 373,013	7401	0,019 39	0,158	0,1195		40
	50	054,934	0,5219	38 681,938	7335	0,019 39	0,272	0,1195		50
5	0	050,859	0,5222	38 990,864	7268	0,019 38	0,387	0,1195	5	0
	10	046,785	0,5226	39 299,790	7202	0,019 38	0,501	0,1195		10
	20	042,710	0,5229	39 608,716	7136	0,019 37	0,615	0,1195		20
	30	038,636	0,5232	39 917,642	7069	0,019 37	0,730	0,1195		30
	40	034,561	0,5236	40 226,568	7003	0,019 37	0,844	0,1195		40
	50	030,485	0,5239	40 535,494	6937	0,019 36	0,958	0,1195		50
6	0	026,410	0,5242	40 844,421	6870	0,019 36	1,072	0,1195	6	0
	10	022,335	0,5245	41 153,348	6804	0,019 36	1,187	0,1195		10
	20	018,259	0,5249	41 462,274	6737	0,019 35	1,301	0,1195		20
	30	014,183	0,5252	41 771,201	6670	0,019 35	1,415	0,1194		30
	40	010,107	0,5255	42 080,129	6604	0,019 34	1,530	0,1194		40
	50	006,031	0,5258	42 389,056	6537	0,019 34	1,644	0,1194		50
7	0	001,955	0,5262	42 697,983	6470	0,019 34	1,758	0,1194	7	0
	10	*997,878	0,5265	43 006,911	6403	0,019 33	1,872	0,1194		10
	20	*993,801	0,5268	43 315,838	6336	0,019 33	1,986	0,1194		20
	30	*989,725	0,5272	43 624,766	6270	0,019 33	2,101	0,1194		30
	40	*985,647	0,5275	43 933,694	6203	0,019 32	2,215	0,1194		40
	50	*981,570	0,5278	44 242,623	6136	0,019 32	2,329	0,1194		50
8	0	*977,493	0,5281	44 551,551	6069	0,019 31	2,443	0,1194	8	0
	10	*973,415	0,5285	44 860,479	6001	0,019 31	2,558	0,1194		10
	20	*969,338	0,5288	45 169,408	5934	0,019 31	2,672	0,1194		20
	30	*965,260	0,5291	45 478,337	5867	0,019 30	2,786	0,1193		30
	40	*961,182	0,5294	45 787,266	5800	0,019 30	2,900	0,1193		40
	50	*957,103	0,5298	46 096,195	5733	0,019 29	3,014	0,1193		50
9	0	*953,025	0,5301	46 405,124	5665	0,019 29	3,128	0,1193	9	0
	10	*948,946	0,5304	46 714,053	5598	0,019 29	3,243	0,1193		10
	20	*944,868	0,5308	47 022,983	5530	0,019 28	3,357	0,1193		20
	30	*940,789	0,5311	47 331,912	5463	0,019 28	3,471	0,1193		30
	40	*936,709	0,5314	47 640,842	5396	0,019 28	3,585	0,1193		40
	50	*932,630	0,5317	47 949,772	5328	0,019 27	3,699	0,1193		50
10	0	*928,551	0,5321	48 258,702	5260	0,019 27	3,813	0,1193	10	0
		*+ 72	-	+ 54	+ 481,	+	+ 272	+		
'	"	4,079	4	308,930	68	0	0,114	0	'	"

$r_3 = -0{,}000\ 18$

49°

'	"	r1	r2	h0	h1	h2	n1	n2	'	"
		4,080	3	308,930	67	1	0,114	0		
'	"	r_1	r_2	h_o	h_1	h_2	n_1	n_2	'	"
		+ 72	–	+ 54	+ 481,	+	+ 272	+		
10	0	928,551	0,5321	48 258,702	5260	0,019 27	3,813	0,1193	10	0
	10	924,471	0,5324	48 567,632	5193	0,019 26	3,927	0,1193		10
	20	920,391	0,5327	48 876,563	5125	0,019 26	4,041	0,1193		20
	30	916,311	0,5330	49 185,493	5057	0,019 26	4,156	0,1192		30
	40	912,231	0,5334	49 494,424	4990	0,019 25	4,270	0,1192		40
	50	908,151	0,5337	49 803,355	4922	0,019 25	4,384	0,1192		50
11	0	904,070	0,5340	50 112,286	4854	0,019 24	4,498	0,1192	11	0
	10	899,990	0,5343	50 421,217	4786	0,019 24	4,612	0,1192		10
	20	895,909	0,5347	50 730,148	4718	0,019 24	4,726	0,1192		20
	30	891,828	0,5350	51 039,080	4650	0,019 23	4,840	0,1192		30
	40	887,747	0,5353	51 348,011	4582	0,019 23	4,954	0,1192		40
	50	883,665	0,5356	51 656,943	4514	0,019 23	5,068	0,1192		50
12	0	879,584	0,5360	51 965,875	4446	0,019 22	5,182	0,1192	12	0
	10	875,502	0,5363	52 274,807	4378	0,019 22	5,296	0,1192		10
	20	871,420	0,5366	52 583,739	4309	0,019 21	5,410	0,1191		20
	30	867,338	0,5369	52 892,672	4241	0,019 21	5,524	0,1191		30
	40	863,256	0,5373	53 201,604	4173	0,019 21	5,638	0,1191		40
	50	859,173	0,5376	53 510,537	4104	0,019 20	5,752	0,1191		50
13	0	855,091	0,5379	53 819,470	4036	0,019 20	5,866	0,1191	13	0
	10	851,008	0,5383	54 128,403	3968	0,019 20	5,980	0,1191		10
	20	846,925	0,5386	54 437,336	3899	0,019 19	6,094	0,1191		20
	30	842,842	0,5389	54 746,269	3830	0,019 19	6,208	0,1191		30
	40	838,759	0,5392	54 055,202	3762	0,019 18	6,322	0,1191		40
	50	834,675	0,5396	55 364,136	3693	0,019 18	6,436	0,1191		50
14	0	830,592	0,5399	55 673,070	3625	0,019 18	6,550	0,1191	14	0
	10	826,508	0,5402	55 982,003	3556	0,019 17	6,664	0,1191		10
	20	822,424	0,5405	56 290,937	3487	0,019 17	6,778	0,1190		20
	30	818,340	0,5409	56 599,871	3418	0,019 16	6,892	0,1190		30
	40	814,256	0,5412	56 908,806	3349	0,019 16	7,006	0,1190		40
	50	810,171	0,5415	57 217,740	3281	0,019 16	7,120	0,1190		50
15	0	806,086	0,5418	57 526,675	3212	0,019 15	7,234	0,1190	15	0
	10	802,002	0,5422	57 835,610	3143	0,019 15	7,348	0,1190		10
	20	797,917	0,5425	58 144,544	3074	0,019 15	7,462	0,1190		20
	30	793,831	0,5428	58 453,479	3004	0,019 14	7,576	0,1190		30
	40	789,746	0,5431	58 762,415	2935	0,019 14	7,690	0,1190		40
	50	785,661	0,5435	59 071,350	2866	0,019 13	7,804	0,1190		50
16	0	781,575	0,5438	59 380,285	2797	0,019 13	7,917	0,1190	16	0
	10	777,489	0,5441	59 689,221	2728	0,019 13	8,031	0,1190		10
	20	773,403	0,5444	59 998,157	2658	0,019 12	8,145	0,1189		20
	30	769,317	0,5448	60 307,093	2589	0,019 12	8,259	0,1189		30
	40	765,230	0,5451	60 616,029	2520	0,019 12	8,373	0,1189		40
	50	761,144	0,5454	60 924,965	2450	0,019 11	8,487	0,1189		50
17	0	757,057	0,5457	61 233,901	2381	0,019 11	8,601	0,1189	17	0
	10	752,970	0,5461	61 542,838	2311	0,019 10	8,714	0,1189		10
	20	748,883	0,5464	61 851,775	2241	0,019 10	8,828	0,1189		20
	30	744,796	0,5467	62 160,711	2172	0,019 10	8,942	0,1189		30
	40	740,709	0,5470	62 469,648	2102	0,019 09	9,056	0,1189		40
	50	736,621	0,5474	62 778,586	2032	0,019 09	9,170	0,1189		50
18	0	732,533	0,5477	63 087,523	1963	0,019 08	9,284	0,1189	18	0
	10	728,445	0,5480	63 396,460	1893	0,019 08	9,397	0,1189		10
	20	724,357	0,5483	63 705,398	1823	0,019 08	9,511	0,1188		20
	30	720,269	0,5486	64 014,336	1753	0,019 07	9,625	0,1188		30
	40	716,180	0,5490	64 323,273	1683	0,019 07	9,739	0,1188		40
	50	712,092	0,5493	64 632,211	1613	0,019 07	9,853	0,1188		50
19	0	708,003	0,5496	64 941,150	1543	0,019 06	9,966	0,1188	19	0
	10	703,914	0,5499	65 250,088	1473	0,019 06	^0,080	0,1188		10
	20	699,825	0,5503	65 559,026	1403	0,019 05	^0,194	0,1188		20
	30	695,736	0,5506	65 867,965	1333	0,019 05	^0,308	0,1188		30
	40	691,646	0,5509	66 176,904	1263	0,019 05	^0,421	0,1188		40
	50	687,557	0,5512	66 485,843	1192	0,019 04	^0,535	0,1188		50
20	0	683,467	0,5516	66 794,782	1122	0,019 04	^0,649	0,1188	20	0
		+ 72	–	+ 54	+ 481,	+	^+ 273	+		
'	"	4,090	4	308,939	70	0	0,114	0	'	"

$r_3 = -0{,}000\ 18$

49°

'	"	4,090	3	308,939	70	1	0,114	1	'	"
		r_1	r_2	h_0	h_1	h_2	n_1	n_2		
		+ 72	–	+ 54	*+ 481,	+	+ 273	+		
20	0	683,467	0,5516	66 794,782	*1122	0,019 04	0,649	0,1188	20	0
	10	679,377	0,5519	67 103,721	*1052	0,019 03	0,763	0,1187		10
	20	675,287	0,5522	67 412,660	*0981	0,019 03	0,876	0,1187		20
	30	671,196	0,5525	67 721,600	*0911	0,019 03	0,990	0,1187		30
	40	667,106	0,5529	68 030,539	*0840	0,019 02	1,104	0,1187		40
	50	663,015	0,5532	68 339,479	*0770	0,019 02	1,217	0,1187		50
21	0	658,924	0,5535	68 648,419	*0699	0,019 02	1,331	0,1187	21	0
	10	654,833	0,5538	68 957,359	*0629	0,019 01	1,445	0,1187		10
	20	650,742	0,5542	69 266,300	*0558	0,019 01	1,559	0,1187		20
	30	646,651	0,5545	69 575,240	*0487	0,019 00	1,672	0,1187		30
	40	642,559	0,5548	69 884,181	*0416	0,019 00	1,786	0,1187		40
	50	638,467	0,5551	70 193,121	*0346	0,019 00	1,900	0,1187		50
22	0	634,375	0,5554	70 502,062	*0275	0,018 99	2,013	0,1187	22	0
	10	630,283	0,5558	70 811,003	*0204	0,018 99	2,127	0,1186		10
	20	626,191	0,5561	71 119,944	*0133	0,018 99	2,241	0,1186		20
	30	622,099	0,5564	71 428,886	*0062	0,018 98	2,354	0,1186		30
	40	618,006	0,5567	71 737,827	9991	0,018 98	2,468	0,1186		40
	50	613,913	0,5571	72 046,769	9920	0,018 97	2,581	0,1186		50
23	0	609,820	0,5574	72 355,710	9849	0,018 97	2,695	0,1186	23	0
	10	605,727	0,5577	72 664,652	9777	0,018 97	2,809	0,1186		10
	20	601,634	0,5580	72 973,594	9706	0,018 96	2,922	0,1186		20
	30	597,541	0,5583	73 282,537	9635	0,018 96	3,036	0,1186		30
	40	593,447	0,5587	73 591,479	9564	0,018 95	3,150	0,1186		40
	50	589,353	0,5590	73 900,421	9492	0,018 95	3,263	0,1186		50
24	0	585,259	0,5593	74 209,364	9421	0,018 95	3,377	0,1186	24	0
	10	581,165	0,5596	74 518,307	9350	0,018 94	3,490	0,1185		10
	20	577,071	0,5600	74 827,250	9278	0,018 94	3,604	0,1185		20
	30	572,976	0,5603	75 136,193	9207	0,018 94	3,717	0,1185		30
	40	568,882	0,5606	75 445,136	9135	0,018 93	3,831	0,1185		40
	50	564,787	0,5609	75 754,079	9063	0,018 93	3,945	0,1185		50
25	0	560,692	0,5613	76 063,023	8992	0,018 92	4,058	0,1185	25	0
	10	556,597	0,5616	76 371,967	8920	0,018 92	4,172	0,1185		10
	20	552,501	0,5619	76 680,911	8848	0,018 92	4,285	0,1185		20
	30	548,406	0,5622	77 989,855	8776	0,018 91	4,399	0,1185		30
	40	544,310	0,5625	77 298,799	8705	0,018 91	4,512	0,1185		40
	50	540,214	0,5629	77 607,743	8633	0,018 90	4,626	0,1185		50
26	0	536,118	0,5632	77 916,687	8561	0,018 90	4,739	0,1184	26	0
	10	532,022	0,5635	78 225,632	8489	0,018 90	4,853	0,1184		10
	20	527,926	0,5638	78 534,577	8417	0,018 89	4,966	0,1184		20
	30	523,829	0,5642	78 843,522	8345	0,018 89	5,080	0,1184		30
	40	519,733	0,5645	79 152,467	8272	0,018 89	5,193	0,1184		40
	50	515,636	0,5648	79 461,412	8200	0,018 88	5,307	0,1184		50
27	0	511,539	0,5651	79 770,357	8128	0,018 88	5,420	0,1184	27	0
	10	507,441	0,5654	80 079,303	8056	0,018 87	5,534	0,1184		10
	20	503,344	0,5658	80 388,248	7984	0,018 87	5,647	0,1184		20
	30	499,246	0,5661	80 697,194	7911	0,018 87	5,761	0,1184		30
	40	495,149	0,5664	81 006,140	7839	0,018 86	5,874	0,1184		40
	50	491,051	0,5667	81 315,086	7766	0,018 86	5,987	0,1184		50
28	0	486,953	0,5670	81 624,032	7694	0,018 86	6,101	0,1183	28	0
	10	482,854	0,5674	81 932,979	7621	0,018 85	6,214	0,1183		10
	20	478,756	0,5677	82 241,925	7549	0,018 85	6,328	0,1183		20
	30	474,657	0,5680	82 550,872	7476	0,018 84	6,441	0,1183		30
	40	470,559	0,5683	82 859,819	7404	0,018 84	6,554	0,1183		40
	50	466,460	0,5687	83 168,766	7331	0,018 84	6,668	0,1183		50
29	0	462,361	0,5690	83 477,713	7258	0,018 83	6,781	0,1183	29	0
	10	458,261	0,5693	83 786,660	7185	0,018 83	6,895	0,1183		10
	20	454,162	0,5696	84 095,607	7112	0,018 82	7,008	0,1183		20
	30	450,062	0,5699	84 404,555	7040	0,018 82	7,121	0,1183		30
	40	445,962	0,5703	84 713,503	6967	0,018 82	7,235	0,1183		40
	50	441,862	0,5706	85 022,450	6894	0,018 81	7,348	0,1182		50
30	0	437,762	0,5709	85 331,399	6821	0,018 81	7,461	0,1182	30	0
		+ 72	–	+ 54	+ 480,	+	+ 273	+		
'	"	4,100	3	308,949	73	0	0,113	0	'	"

$r_3 = -0{,}000\ 18$

49°

'	"	r_1	r_2	h_0	h_1	h_2	n_1	n_2	'	"
		4,100	3	308,948	73	0	0,114	0		
		+ 72	–	+ 54	+ 480,	+	▲+ 273	+		
30	0	437,762	0,5709	85 331,399	6821	0,018 81	▲7,461	0,1182	30	0
	10	433,662	0,5712	85 640,347	6748	0,018 81	▲7,575	0,1182		10
	20	429,561	0,5715	85 949,295	6674	0,018 80	▲7,688	0,1182		20
	30	425,461	0,5719	86 258,243	6601	0,018 80	▲7,801	0,1182		30
	40	421,360	0,5722	86 567,192	6528	0,018 79	▲7,915	0,1182		40
	50	417,259	0,5725	86 876,141	6455	0,018 79	8,028	0,1182		50
31	0	413,158	0,5728	87 185,090	6381	0,018 79	▲8,141	0,1182	31	0
	10	409,056	0,5731	87 494,039	6308	0,018 78	▲8,255	0,1182		10
	20	404,955	0,5735	87 802,988	6235	0,018 78	▲8,368	0,1182		20
	30	400,853	0,5738	88 111,937	6161	0,018 77	▲8,481	0,1182		30
	40	396,751	0,5741	88 420,887	6088	0,018 77	▲8,595	0,1182		40
	50	392,649	0,5744	88 729,836	6014	0,018 77	▲8,708	0,1181		50
32	0	388,547	0,5747	89 038,786	5941	0,018 76	▲8,821	0,1181	32	0
	10	384,445	0,5751	89 347,736	5867	0,018 76	▲8,934	0,1181		10
	20	380,342	0,5754	89 656,686	5794	0,018 76	▲9,048	0,1181		20
	30	376,240	0,5757	89 965,637	5720	0,018 75	▲9,161	0,1181		30
	40	372,137	0,5760	90 274,587	5646	0,018 75	▲9,274	0,1181		40
	50	368,034	0,5763	90 583,538	5572	0,018 74	▲9,387	0,1181		50
33	0	363,930	0,5767	90 892,488	5498	0,018 74	▲9,501	0,1181	33	0
	10	359,827	0,5770	91 201,439	5425	0,018 74	▲9,614	0,1181		10
	20	355,723	0,5773	91 510,390	5351	0,018 73	▲9,727	0,1181		20
	30	351,620	0,5776	91 819,341	5277	0,018 73	▲9,840	0,1181		30
	40	347,516	0,5779	92 128,293	5203	0,018 73	▲9,954	0,1180		40
	50	343,412	0,5783	92 437,244	5129	0,018 72	0,067	0,1180		50
34	0	339,307	0,5786	92 746,196	5054	0,018 72	0,180	0,1180	34	0
	10	335,203	0,5789	93 055,147	4980	0,018 71	0,293	0,1180		10
	20	331,098	0,5792	93 364,099	4906	0,018 71	0,406	0,1180		20
	30	326,993	0,5795	93 673,051	4832	0,018 71	0,520	0,1180		30
	40	322,889	0,5799	93 982,003	4758	0,018 70	0,633	0,1180		40
	50	318,783	0,5802	94 290,956	4683	0,018 70	0,746	0,1180		50
35	0	314,678	0,5805	94 599,908	4609	0,018 69	0,859	0,1180	35	0
	10	310,573	0,5808	94 908,861	4534	0,018 69	0,972	0,1180		10
	20	306,467	0,5811	95 217,814	4460	0,018 69	1,085	0,1180		20
	30	302,361	0,5815	95 526,767	4385	0,018 68	1,199	0,1180		30
	40	298,255	0,5818	95 835,720	4311	0,018 68	1,312	0,1179		40
	50	294,149	0,5821	96 144,673	4236	0,018 68	1,425	0,1179		50
36	0	290,043	0,5824	96 453,626	4162	0,018 67	1,538	0,1179	36	0
	10	285,936	0,5827	96 762,580	4087	0,018 67	1,651	0,1179		10
	20	281,830	0,5831	97 071,533	4012	0,018 66	1,764	0,1179		20
	30	277,723	0,5834	97 380,487	3937	0,018 66	1,877	0,1179		30
	40	273,616	0,5837	97 689,441	3863	0,018 66	1,990	0,1179		40
	50	269,509	0,5840	97 998,395	3788	0,018 65	2,103	0,1179		50
37	0	265,401	0,5843	98 307,350	3713	0,018 65	2,217	0,1179	37	0
	10	261,294	0,5847	98 616,304	3638	0,018 65	2,330	0,1179		10
	20	257,186	0,5850	98 925,259	3563	0,018 64	2,443	0,1179		20
	30	253,078	0,5853	99 234,213	3488	0,018 64	2,556	0,1179		30
	40	248,970	0,5856	99 543,168	3413	0,018 63	2,669	0,1178		40
	50	244,862	0,5859	99 852,123	3337	0,018 63	2,782	0,1178		50
38	0	240,753	0,5862	▲00 161,078	3262	0,018 63	2,895	0,1178	38	0
	10	236,645	0,5866	▲00 470,034	3187	0,018 62	3,008	0,1178		10
	20	232,536	0,5869	▲00 778,989	3112	0,018 62	3,121	0,1178		20
	30	228,427	0,5872	▲01 087,945	3036	0,018 61	3,234	0,1178		30
	40	224,318	0,5875	▲01 396,901	2961	0,018 61	3,347	0,1178		40
	50	219,209	0,5878	▲01 705,856	2886	0,018 61	3,460	0,1178		50
39	0	216,100	0,5882	▲02 014,813	2810	0,018 60	3,573	0,1178	39	0
	10	211,990	0,5885	▲02 323,769	2735	0,018 60	3,686	0,1178		10
	20	207,880	0,5888	▲02 632,725	2659	0,018 60	3,799	0,1178		20
	30	203,770	0,5891	▲02 941,682	2583	0,018 59	3,912	0,1177		30
	40	199,660	0,5894	▲03 250,638	2508	0,018 59	4,025	0,1177		40
	50	195,550	0,5898	▲03 559,595	2432	0,018 58	4,138	0,1177		50
40	0	191,440	0,5901	▲03 868,552	2356	0,018 58	4,251	0,1177	40	0
		+ 72	–	▲+ 55	+ 480,	+	+ 274	+		
'	"	4,110	3	308,957	76	0	0,113	0	'	"

r_3 = – 0,000 18

49°

'	"	4,111	3	308,957	75	0	0,113	0	'	"
		r_1	r_2	h_0	h_1	h_2	n_1	n_2		
		+ 72	–	+ 55	+ 480,	+	+ 274	+		
40	0	191,440	0,5901	03 868,552	2356	0,018 58	4,251	0,1177	40	0
	10	187,329	0,5904	04 177,509	2281	0,018 58	4,364	0,1177		10
	20	183,218	0,5907	04 486,466	2205	0,018 57	4,477	0,1177		20
	30	179,107	0,5910	04 795,424	2129	0,018 57	4,590	0,1177		30
	40	174,996	0,5913	05 104,381	2053	0,018 56	4,703	0,1177		40
	50	170,885	0,5917	05 413,339	1977	0,018 56	4,816	0,1177		50
41	0	166,773	0,5920	05 722,297	1901	0,018 56	4,929	0,1177	41	0
	10	162,662	0,5923	06 031,255	1825	0,018 55	5,041	0,1177		10
	20	158,550	0,5926	06 340,213	1749	0,018 55	5,154	0,1176		20
	30	154,438	0,5929	06 649,171	1673	0,018 55	5,267	0,1176		30
	40	150,326	0,5932	06 958,130	1597	0,018 54	5,380	0,1176		40
	50	146,214	0,5936	07 267,088	1520	0,018 54	5,493	0,1176		50
42	0	142,101	0,5939	07 576,047	1444	0,018 53	5,606	0,1176	42	0
	10	137,988	0,5942	07 885,006	1368	0,018 53	5,719	0,1176		10
	20	133,876	0,5945	08 193,965	1291	0,018 53	5,832	0,1176		20
	30	129,763	0,5948	08 502,924	1215	0,018 52	5,945	0,1176		30
	40	125,649	0,5952	08 811,884	1138	0,018 52	6,057	0,1176		40
	50	121,536	0,5955	09 120,843	1062	0,018 52	6,170	0,1176		50
43	0	117,422	0,5958	09 429,803	0985	0,018 51	6,283	0,1176	43	0
	10	113,309	0,5961	09 738,763	0909	0,018 51	6,396	0,1176		10
	20	109,195	0,5964	10 047,722	0832	0,018 50	6,509	0,1175		20
	30	105,081	0,5967	10 356,683	0755	0,018 50	6,622	0,1175		30
	40	100,957	0,5971	10 665,643	0679	0,018 50	6,735	0,1175		40
	50	096,852	0,5974	10 974,603	0602	0,018 49	6,847	0,1175		50
44	0	092,738	0,5977	11 283,564	0525	0,018 49	6,960	0,1175	44	0
	10	088,623	0,5980	11 592,524	0448	0,018 48	7,073	0,1175		10
	20	084,508	0,5983	11 901,485	0371	0,018 48	7,186	0,1175		20
	30	080,393	0,5986	12 210,446	0294	0,018 48	7,299	0,1175		30
	40	076,278	0,5990	12 519,407	0217	0,018 47	7,411	0,1175		40
	50	072,163	0,5993	12 828,369	0140	0,018 47	7,524	0,1175		50
45	0	068,047	0,5996	13 137,330	0063	0,018 47	7,637	0,1175	45	0
	10	063,931	0,5999	13 446,292	*9986	0,018 46	7,750	0,1174		10
	20	059,815	0,6002	13 755,253	*9909	0,018 46	7,862	0,1174		20
	30	055,699	0,6005	14 064,215	*9832	0,018 45	7,975	0,1174		30
	40	051,583	0,6009	14 373,177	*9754	0,018 45	8,088	0,1174		40
	50	047,467	0,6012	14 682,139	*9677	0,018 45	8,201	0,1174		50
46	0	043,350	0,6015	14 991,102	*9600	0,018 44	8,313	0,1174	46	0
	10	039,233	0,6018	15 300,064	*9522	0,018 44	8,426	0,1174		10
	20	035,116	0,6021	15 609,027	*9445	0,018 43	8,539	0,1174		20
	30	030,999	0,6024	15 917,989	*9367	0,018 43	8,652	0,1174		30
	40	026,882	0,6028	16 226,952	*9290	0,018 43	8,764	0,1174		40
	50	022,764	0,6031	16 535,915	*9212	0,018 42	8,877	0,1174		50
47	0	018,647	0,6034	16 844,879	*9135	0,018 42	8,990	0,1174	47	0
	10	014,529	0,6037	17 153,842	*9057	0,018 42	9,102	0,1173		10
	20	010,411	0,6040	17 462,806	*8979	0,018 41	9,215	0,1173		20
	30	006,293	0,6043	17 771,769	*8901	0,018 41	9,328	0,1173		30
	40	002,175	0,6046	18 080,733	*8824	0,018 40	9,440	0,1173		40
	50	*998,056	0,6050	18 389,697	*8746	0,018 40	9,553	0,1173		50
48	0	*993,938	0,6053	18 698,661	*8668	0,018 40	9,666	0,1173	48	0
	10	*989,819	0,6056	19 007,625	*8590	0,018 39	9,778	0,1173		10
	20	*985,700	0,6059	19 316,590	*8512	0,018 39	9,891	0,1173		20
	30	*981,581	0,6062	19 625,554	*8434	0,018 39	*0,004	0,1173		30
	40	*977,461	0,6065	19 934,519	*8356	0,018 38	*0,116	0,1173		40
	50	*973,342	0,6069	20 243,484	*8278	0,018 38	*0,229	0,1173		50
49	0	*969,222	0,6072	20 552,449	*8200	0,018 37	*0,342	0,1172	49	0
	10	*965,102	0,6075	20 861,414	*8121	0,018 37	*0,454	0,1172		10
	20	*960,982	0,6078	21 170,379	*8043	0,018 37	*0,567	0,1172		20
	30	*956,862	0,6081	21 479,345	*7965	0,018 36	*0,679	0,1172		30
	40	*952,742	0,6084	21 788,310	*7886	0,018 36	*0,792	0,1172		40
	50	*948,621	0,6088	22 097,276	*7808	0,018 35	*0,905	0,1172		50
50	0	*944,501	0,6091	22 406,242	*7730	0,018 35	*1,017	0,1172	50	0
		*+ 71	–	+ 55	*+ 479,	+	*+ 275	+		
'	"	4,120	3	308,966	78	0	0,112	0	'	"

$r_3 = -0{,}000\ 18$

49°

'	"	4,121	3	308,966	79	0	0,113	0	'	"
		r_1	r_2	h_0	h_1	h_2	n_1	n_2		
		+ 71	–	+ 55	+ 479,	+	+ 275	+		
50	0	944,501	0,6091	22 406,242	7730	0,018 35	1,017	0,1172	50	0
	10	940,380	0,6094	22 715,208	7651	0,018 35	1,130	0,1172		10
	20	936,259	0,6097	23 024,174	7572	0,018 34	1,242	0,1172		20
	30	932,137	0,6100	23 333,140	7494	0,018 34	1,355	0,1172		30
	40	928,016	0,6103	23 642,107	7415	0,018 34	1,467	0,1172		40
	50	923,895	0,6106	23 951,074	7337	0,018 33	1,580	0,1172		50
51	0	919,773	0,6110	24 260,040	7258	0,018 33	1,692	0,1171	51	0
	10	915,651	0,6113	24 569,007	7179	0,018 32	1,805	0,1171		10
	20	911,529	0,6116	24 877,974	7100	0,018 32	1,917	0,1171		20
	30	907,407	0,6119	25 186,942	7021	0,018 32	2,030	0,1171		30
	40	903,284	0,6122	25 495,909	6943	0,018 31	2,143	0,1171		40
	50	899,162	0,6125	25 804,877	6864	0,018 31	2,255	0,1171		50
52	0	895,039	0,6128	26 113,844	6785	0,018 30	2,368	0,1171	52	0
	10	890,916	0,6132	26 422,812	6706	0,018 30	2,480	0,1171		10
	20	886,793	0,6135	26 731,780	6627	0,018 30	2,593	0,1171		20
	30	882,670	0,6138	27 040,748	6547	0,018 29	2,705	0,1171		30
	40	878,546	0,6141	27 349,716	6468	0,018 29	2,817	0,1171		40
	50	874,423	0,6144	27 658,685	6389	0,018 29	2,930	0,1170		50
53	0	870,299	0,6147	27 967,653	6310	0,018 28	3,042	0,1170	53	0
	10	866,175	0,6150	28 276,622	6230	0,018 28	3,155	0,1170		10
	20	862,051	0,6154	28 585,591	6151	0,018 27	3,267	0,1170		20
	30	857,927	0,6157	28 894,560	6072	0,018 27	3,380	0,1170		30
	40	853,802	0,6160	29 203,529	5992	0,018 27	3,492	0,1170		40
	50	849,678	0,6163	29 512,498	5913	0,018 26	3,605	0,1170		50
54	0	845,553	0,6166	29 821,468	5833	0,018 26	3,717	0,1170	54	0
	10	841,428	0,6169	30 130,438	5754	0,018 26	3,829	0,1170		10
	20	837,303	0,6172	30 439,407	5674	0,018 25	3,942	0,1170		20
	30	833,178	0,6176	30 748,377	5594	0,018 25	4,054	0,1170		30
	40	829,052	0,6179	31 057,347	5515	0,018 24	4,167	0,1169		40
	50	824,926	0,6182	31 366,317	5435	0,018 24	4,279	0,1169		50
55	0	820,801	0,6185	31 675,288	5355	0,018 24	4,391	0,1169	55	0
	10	816,675	0,6188	31 984,258	5275	0,018 23	4,504	0,1169		10
	20	812,549	0,6191	32 293,229	5195	0,018 23	4,616	0,1169		20
	30	808,422	0,6194	32 602,200	5115	0,018 22	4,729	0,1169		30
	40	804,296	0,6198	32 911,171	5035	0,018 22	4,841	0,1169		40
	50	800,169	0,6201	33 220,142	4955	0,018 22	4,953	0,1169		50
56	0	796,042	0,6204	33 529,113	4875	0,018 21	5,066	0,1169	56	0
	10	791,915	0,6207	33 838,084	4795	0,018 21	5,178	0,1169		10
	20	787,788	0,6210	34 147,056	4715	0,018 21	5,290	0,1169		20
	30	783,661	0,6213	34 456,028	4635	0,018 20	5,403	0,1169		30
	40	779,533	0,6216	34 765,000	4555	0,018 20	5,515	0,1168		40
	50	775,406	0,6220	35 073,972	4474	0,018 19	5,627	0,1168		50
57	0	771,278	0,6223	35 382,944	4394	0,018 19	5,740	0,1168	57	0
	10	767,150	0,6226	35 691,916	4314	0,018 19	5,852	0,1168		10
	20	763,022	0,6229	36 000,888	4233	0,018 18	5,964	0,1168		20
	30	758,893	0,6232	36 309,861	4153	0,018 18	6,076	0,1168		30
	40	754,765	0,6235	36 618,834	4072	0,018 17	6,189	0,1168		40
	50	750,636	0,6238	36 927,807	3992	0,018 17	6,301	0,1168		50
58	0	746,507	0,6241	37 236,780	3911	0,018 17	6,413	0,1168	58	0
	10	742,378	0,6245	37 545,753	3830	0,018 16	6,526	0,1168		10
	20	738,249	0,6248	37 854,726	3750	0,018 16	6,638	0,1168		20
	30	734,119	0,6251	38 163,700	3669	0,018 16	6,750	0,1167		30
	40	729,990	0,6254	38 472,673	3588	0,018 15	6,862	0,1167		40
	50	725,860	0,6257	38 781,647	3507	0,018 15	6,975	0,1167		50
59	0	721,730	0,6260	39 090,621	3426	0,018 14	7,087	0,1167	59	0
	10	717,600	0,6263	39 399,595	3345	0,018 14	7,199	0,1167		10
	20	713,470	0,6266	39 708,569	3264	0,018 14	7,311	0,1167		20
	30	709,340	0,6270	40 017,544	3183	0,018 13	7,423	0,1167		30
	40	705,209	0,6273	40 326,518	3102	0,018 13	7,536	0,1167		40
	50	701,078	0,6276	40 635,493	3021	0,018 13	7,648	0,1167		50
60	0	696,947	0,6279	40 944,468	2940	0,018 12	7,760	0,1167	60	0
		+ 71	–	+ 55	+ 479,	+	+ 275	+		
'	"	4,131	3	308,975	81	1	0,112	0	'	"

$r_3 = -0{,}000\ 18$

50°

'	"	r_1	r_2	h_0	h_1	h_2	n_1	n_2	'	"
		4,131	3	308,975	81	0	0,112	0		
		+ 71	–	+ 55	+ 479,	+	♠+ 275	+		
0	0	696,947	0,6279	40 944,468	2940	0,018 12	♠7,760	0,1167	0	0
	10	692,816	0,6282	41 253,443	2859	0,018 12	♠7,872	0,1167		10
	20	688,685	0,6285	41 562,418	2778	0,018 11	♠7,984	0,1166		20
	30	684,554	0,6288	41 871,393	2696	0,018 11	♠8,097	0,1166		30
	40	680,422	0,6291	42 180,368	2615	0,018 11	♠8,209	0,1166		40
	50	676,290	0,6295	42 489,344	2534	0,018 10	♠8,321	0,1166		50
1	0	672,158	0,6298	42 798,320	2452	0,018 10	♠8,433	0,1166	1	0
	10	668,026	0,6301	43 107,295	2371	0,018 09	♠8,545	0,1166		10
	20	663,894	0,6304	43 416,271	2289	0,018 09	♠8,657	0,1166		20
	30	659,762	0,6307	43 725,248	2208	0,018 09	♠8,769	0,1166		30
	40	655,629	0,6310	44 034,224	2126	0,018 08	♠8,882	0,1166		40
	50	651,496	0,6313	44 343,200	2044	0,018 08	♠8,994	0,1166		50
2	0	647,363	0,6316	44 652,177	1963	0,018 08	♠9,106	0,1166	2	0
	10	643,230	0,6320	44 961,154	1881	0,018 07	♠9,218	0,1166		10
	20	639,097	0,6323	45 270,131	1799	0,018 07	♠9,330	0,1165		20
	30	634,963	0,6326	45 579,108	1717	0,018 06	♠9,442	0,1165		30
	40	630,830	0,6329	45 888,085	1636	0,018 06	♠9,554	0,1165		40
	50	626,696	0,6332	46 197,062	1554	0,018 06	♠9,666	0,1165		50
3	0	622,562	0,6335	46 506,040	1472	0,018 05	♠9,778	0,1165	3	0
	10	618,428	0,6338	46 815,017	1390	0,018 05	♠9,890	0,1165		10
	20	614,294	0,6341	47 123,995	1308	0,018 05	0,002	0,1165		20
	30	610,159	0,6344	47 432,973	1225	0,018 04	0,115	0,1165		30
	40	606,024	0,6348	47 741,951	1143	0,018 04	0,227	0,1165		40
	50	601,890	0,6351	48 050,929	1061	0,018 03	0,339	0,1165		50
4	0	597,755	0,6354	48 359,908	0979	0,018 03	0,451	0,1165	4	0
	10	593,619	0,6357	48 668,886	0897	0,018 03	0,563	0,1164		10
	20	589,484	0,6360	48 977,865	0814	0,018 02	0,675	0,1164		20
	30	585,349	0,6363	49 286,844	0732	0,018 02	0,787	0,1164		30
	40	581,213	0,6366	49 595,823	0650	0,018 01	0,899	0,1164		40
	50	577,077	0,6369	49 904,802	0567	0,018 01	1,011	0,1164		50
5	0	572,941	0,6372	50 213,781	0485	0,018 01	1,123	0,1164	5	0
	10	568,805	0,6376	50 522,761	0402	0,018 00	1,235	0,1164		10
	20	564,669	0,6379	50 831,740	0319	0,018 00	1,347	0,1164		20
	30	560,532	0,6382	51 140,720	0237	0,018 00	1,459	0,1164		30
	40	556,395	0,6385	51 449,700	0154	0,017 99	1,571	0,1164		40
	50	552,259	0,6388	51 758,680	0071	0,017 99	1,683	0,1164		50
6	0	548,122	0,6391	52 067,660	♠9989	0,017 98	1,795	0,1163	6	0
	10	543,984	0,6394	52 376,640	♠9906	0,017 98	1,906	0,1163		10
	20	539,847	0,6397	52 685,621	♠9823	0,017 98	2,018	0,1163		20
	30	535,709	0,6400	52 994,601	♠9740	0,017 97	2,130	0,1163		30
	40	531,572	0,6404	53 303,582	♠9657	0,017 97	2,242	0,1163		40
	50	527,434	0,6407	53 612,563	♠9574	0,017 96	2,354	0,1163		50
7	0	523,296	0,6410	53 921,544	♠9491	0,017 96	2,466	0,1163	7	0
	10	519,158	0,6413	54 230,525	♠9408	0,017 96	2,578	0,1163		10
	20	515,019	0,6416	54 539,507	♠9325	0,017 95	2,690	0,1163		20
	30	510,881	0,6419	54 848,488	♠9242	0,017 95	2,802	0,1163		30
	40	506,742	0,6422	55 157,470	♠9158	0,017 95	2,914	0,1163		40
	50	502,603	0,6425	55 466,452	♠9075	0,017 94	3,026	0,1162		50
8	0	498,464	0,6428	55 775,434	♠8992	0,017 94	3,138	0,1162	8	0
	10	494,325	0,6431	56 084,416	♠8908	0,017 93	3,249	0,1162		10
	20	490,185	0,6435	56 393,398	♠8825	0,017 93	3,361	0,1162		20
	30	486,046	0,6438	56 702,380	♠8741	0,017 93	3,473	0,1162		30
	40	481,906	0,6441	57 011,363	♠8658	0,017 92	3,585	0,1162		40
	50	477,766	0,6444	57 320,346	♠8574	0,017 92	3,697	0,1162		50
9	0	473,626	0,6447	57 629,328	♠8491	0,017 92	3,809	0,1162	9	0
	10	469,486	0,6450	57 938,311	♠8407	0,017 91	3,921	0,1162		10
	20	465,345	0,6453	58 247,295	♠8324	0,017 91	4,032	0,1162		20
	30	461,205	0,6456	58 556,278	♠8240	0,017 90	4,144	0,1162		30
	40	457,064	0,6459	58 865,261	♠8156	0,017 90	4,256	0,1162		40
	50	452,923	0,6462	59 174,245	♠8072	0,017 90	4,368	0,1161		50
10	0	448,782	0,6466	59 483,229	♠7988	0,017 89	4,480	0,1161	10	0
		+ 71	–	+ 55	♠+ 478,	+	+ 276	+		
'	"	4,141	4	308,984	84	1	0,112	0	'	"

$r_3 = -0,000\ 18$

50°

'	"	4,141	3	308,983	84	0	0,111	0	'	"
		r_1	r_2	h_0	h_1	h_2	n_1	n_2		
		+ 71	–	+ 55	+ 478,	+	+ 276	+		
10	0	448,782	0,6466	59 483,229	7988	0,017 89	4,480	0,1161	10	0
	10	444,641	0,6469	59 792,212	7904	0,017 89	4,591	0,1161		10
	20	440,499	0,6472	60 101,197	7821	0,017 88	4,703	0,1161		20
	30	436,358	0,6475	60 410,181	7737	0,017 88	4,815	0,1161		30
	40	432,216	0,6478	60 719,165	7652	0,017 88	4,927	0,1161		40
	50	428,074	0,6481	61 028,149	7568	0,017 87	5,038	0,1161		50
11	0	423,932	0,6484	61 337,134	7484	0,017 87	5,150	0,1161	11	0
	10	419,790	0,6487	61 646,119	7400	0,017 87	5,262	0,1161		10
	20	415,647	0,6490	61 955,104	7316	0,017 86	5,374	0,1161		20
	30	411,505	0,6493	62 264,089	7232	0,017 86	5,485	0,1161		30
	40	407,362	0,6496	62 573,074	7147	0,017 85	5,597	0,1160		40
	50	403,219	0,6500	62 882,059	7063	0,017 85	5,709	0,1160		50
12	0	399,076	0,6503	63 191,045	6979	0,017 85	5,821	0,1160	12	0
	10	394,932	0,6506	63 500,031	6894	0,017 84	5,932	0,1160		10
	20	390,789	0,6509	63 809,016	6810	0,017 84	6,044	0,1160		20
	30	386,645	0,6512	64 118,002	6725	0,017 83	6,156	0,1160		30
	40	382,502	0,6515	64 426,989	6640	0,017 83	6,268	0,1160		40
	50	378,358	0,6518	64 735,975	6556	0,017 83	6,379	0,1160		50
13	0	374,213	0,6521	65 044,961	6471	0,017 82	6,491	0,1160	13	0
	10	370,069	0,6524	65 353,948	6386	0,017 82	6,603	0,1160		10
	20	365,925	0,6527	65 662,934	6302	0,017 82	6,714	0,1160		20
	30	361,780	0,6530	65 971,921	6217	0,017 81	6,826	0,1159		30
	40	357,635	0,6533	66 280,908	6132	0,017 81	6,938	0,1159		40
	50	353,490	0,6537	66 589,895	6047	0,017 80	7,049	0,1159		50
14	0	349,345	0,6540	66 898,883	5962	0,017 80	7,161	0,1159	14	0
	10	345,200	0,6543	67 207,870	5877	0,017 80	7,272	0,1159		10
	20	341,054	0,6546	67 516,858	5792	0,017 79	7,384	0,1159		20
	30	336,908	0,6549	67 825,846	5707	0,017 79	7,496	0,1159		30
	40	332,763	0,6552	68 134,833	5622	0,017 79	7,607	0,1159		40
	50	328,617	0,6555	68 443,821	5537	0,017 78	7,719	0,1159		50
15	0	324,470	0,6558	68 752,810	5452	0,017 78	7,831	0,1159	15	0
	10	320,324	0,6561	69 061,798	5366	0,017 77	7,942	0,1159		10
	20	316,178	0,6564	69 370,786	5281	0,017 77	8,054	0,1158		20
	30	312,031	0,6567	69 679,775	5196	0,017 77	8,165	0,1158		30
	40	307,884	0,6570	69 988,764	5110	0,017 76	8,277	0,1158		40
	50	303,737	0,6574	70 297,753	5025	0,017 76	8,389	0,1158		50
16	0	299,590	0,6577	70 606,742	4939	0,017 75	8,500	0,1158	16	0
	10	295,443	0,6580	70 915,731	4854	0,017 75	8,612	0,1158		10
	20	291,295	0,6583	71 224,721	4768	0,017 75	8,723	0,1158		20
	30	287,147	0,6586	71 533,710	4683	0,017 74	8,835	0,1158		30
	40	282,999	0,6589	71 842,700	4597	0,017 74	8,946	0,1158		40
	50	278,851	0,6592	72 151,690	4511	0,017 74	9,058	0,1158		50
17	0	274,703	0,6595	72 460,679	4426	0,017 73	9,169	0,1158	17	0
	10	270,555	0,6598	72 769,670	4340	0,017 73	9,281	0,1157		10
	20	266,406	0,6601	73 078,660	4254	0,017 72	9,392	0,1157		20
	30	262,258	0,6604	73 387,650	4168	0,017 72	9,504	0,1157		30
	40	258,109	0,6607	73 696,641	4082	0,017 72	9,615	0,1157		40
	50	253,960	0,6610	74 005,632	3996	0,017 71	9,727	0,1157		50
18	0	249,810	0,6614	74 314,622	3910	0,017 71	9,838	0,1157	18	0
	10	245,661	0,6617	74 623,613	3824	0,017 71	9,950	0,1157		10
	20	241,511	0,6620	74 932,605	3738	0,017 70	▴0,061	0,1157		20
	30	237,362	0,6623	75 241,596	3652	0,017 70	▴0,173	0,1157		30
	40	233,212	0,6626	75 550,587	3566	0,017 69	▴0,284	0,1157		40
	50	229,062	0,6629	75 859,579	3479	0,017 69	▴0,396	0,1157		50
19	0	224,912	0,6632	76 168,571	3393	0,017 69	▴0,507	0,1157	19	0
	10	220,761	0,6635	76 477,563	3307	0,017 68	▴0,619	0,1156		10
	20	216,611	0,6638	76 786,555	3220	0,017 68	▴0,730	0,1156		20
	30	212,460	0,6641	77 095,547	3134	0,017 67	▴0,842	0,1156		30
	40	208,309	0,6644	77 404,539	3047	0,017 67	▴0,953	0,1156		40
	50	204,158	0,6647	77 713,532	2961	0,017 67	▴1,064	0,1156		50
20	0	200,007	0,6650	78 022,524	2874	0,017 66	▴1,176	0,1156	20	0
		+ 71	–	+ 55	+ 478,	+	▴+ 277	+		
'	"	4,151	3	308,992	87	1	0,112	0	'	"

$r_3 = -0{,}000\ 18$

50°

'	"	r₁	r₂	h₀	h₁	h₂	n₁	n₂	'	"
		4,152	3	308,993	86	0	0,111	0		
'	"	r_1	r_2	h_0	h_1	h_2	n_1	n_2	'	"
		+ 71	–	+ 55	+ 478,	+	+ 277	+		
20	0	200,007	0,6650	78 022,524	2874	0,017 66	1,176	0,1156	20	0
	10	195,855	0,6653	78 331,517	2788	0,017 66	1,287	0,1156		10
	20	191,704	0,6656	78 640,510	2701	0,017 66	1,399	0,1156		20
	30	187,552	0,6660	78 949,503	2614	0,017 65	1,510	0,1156		30
	40	183,400	0,6663	79 258,496	2528	0,017 65	1,621	0,1156		40
	50	179,248	0,6666	79 567,490	2441	0,017 64	1,733	0,1156		50
21	0	175,096	0,6669	79 876,483	2354	0,017 64	1,844	0,1155	21	0
	10	170,943	0,6672	80 185,477	2267	0,017 64	1,955	0,1155		10
	20	166,791	0,6675	80 494,471	2180	0,017 63	2,067	0,1155		20
	30	162,638	0,6678	80 803,465	2093	0,017 63	2,178	0,1155		30
	40	158,485	0,6681	81 112,459	2006	0,017 62	2,290	0,1155		40
	50	154,332	0,6684	81 421,453	1919	0,017 62	2,401	0,1155		50
22	0	150,179	0,6687	81 730,448	1832	0,017 62	2,512	0,1155	22	0
	10	146,025	0,6690	82 039,442	1745	0,017 61	2,624	0,1155		10
	20	141,871	0,6693	82 348,437	1658	0,017 61	2,735	0,1155		20
	30	137,718	0,6696	82 657,432	1571	0,017 61	2,846	0,1155		30
	40	133,564	0,6699	82 966,427	1483	0,017 60	2,957	0,1155		40
	50	129,410	0,6702	83 275,422	1396	0,017 60	3,069	0,1154		50
23	0	125,255	0,6705	83 584,417	1309	0,017 59	3,180	0,1154	23	0
	10	121,101	0,6709	83 893,413	1221	0,017 59	3,291	0,1154		10
	20	116,946	0,6712	84 202,408	1134	0,017 59	3,403	0,1154		20
	30	112,791	0,6715	84 511,404	1046	0,017 58	3,514	0,1154		30
	40	108,637	0,6718	84 820,400	0959	0,017 58	3,625	0,1154		40
	50	104,481	0,6721	85 129,396	0871	0,017 58	3,736	0,1154		50
24	0	100,326	0,6724	85 438,392	0783	0,017 57	3,848	0,1154	24	0
	10	096,171	0,6727	85 747,389	0696	0,017 57	3,959	0,1154		10
	20	092,015	0,6730	86 056,385	0608	0,017 56	4,070	0,1154		20
	30	087,859	0,6733	86 365,382	0520	0,017 56	4,181	0,1154		30
	40	083,703	0,6736	86 674,379	0432	0,017 56	4,293	0,1153		40
	50	079,547	0,6739	86 983,375	0345	0,017 55	4,404	0,1153		50
25	0	075,391	0,6742	87 292,373	0257	0,017 55	4,515	0,1153	25	0
	10	071,234	0,6745	87 601,370	0169	0,017 54	4,626	0,1153		10
	20	067,078	0,6748	87 910,367	0081	0,017 54	4,737	0,1153		20
	30	062,921	0,6751	88 219,365	▲9993	0,017 54	4,849	0,1153		30
	40	058,764	0,6754	88 528,362	▲9905	0,017 53	4,960	0,1153		40
	50	054,607	0,6757	88 837,360	▲9816	0,017 53	5,071	0,1153		50
26	0	050,449	0,6760	89 146,358	▲9728	0,017 53	5,182	0,1153	26	0
	10	046,292	0,6763	89 455,356	▲9640	0,017 52	5,293	0,1153		10
	20	042,134	0,6767	89 764,355	▲9552	0,017 52	5,405	0,1153		20
	30	037,976	0,6770	90 073,353	▲9463	0,017 51	5,516	0,1152		30
	40	033,818	0,6773	90 382,352	▲9375	0,017 51	5,627	0,1152		40
	50	029,660	0,6776	90 691,350	▲9287	0,017 51	5,738	0,1152		50
27	0	025,502	0,6779	91 000,349	▲9198	0,017 50	5,849	0,1152	27	0
	10	021,343	0,6782	91 309,348	▲9110	0,017 50	5,960	0,1152		10
	20	017,185	0,6785	91 618,347	▲9021	0,017 49	6,071	0,1152		20
	30	013,026	0,6788	91 927,347	▲8933	0,017 49	6,183	0,1152		30
	40	008,867	0,6791	92 236,346	▲8844	0,017 49	6,294	0,1152		40
	50	004,708	0,6794	92 545,346	▲8755	0,017 48	6,405	0,1152		50
28	0	000,548	0,6797	92 854,346	▲8667	0,017 48	6,516	0,1152	28	0
	10	▲996,389	0,6800	93 163,346	▲8578	0,017 48	6,627	0,1152		10
	20	▲992,229	0,6803	93 472,346	▲8489	0,017 47	6,738	0,1151		20
	30	▲988,069	0,6806	93 781,346	▲8400	0,017 47	6,849	0,1151		30
	40	▲983,909	0,6809	94 090,346	▲8311	0,017 46	6,960	0,1151		40
	50	▲979,749	0,6812	94 399,347	▲8222	0,017 46	7,071	0,1151		50
29	0	▲975,589	0,6815	94 708,347	▲8133	0,017 46	7,182	0,1151	29	0
	10	▲971,428	0,6818	95 017,348	▲8044	0,017 45	7,293	0,1151		10
	20	▲967,268	0,6821	95 326,349	▲7955	0,017 45	7,404	0,1151		20
	30	▲963,107	0,6824	95 635,350	▲7866	0,017 45	7,515	0,1151		30
	40	▲958,946	0,6827	95 944,351	▲7777	0,017 44	7,626	0,1151		40
	50	▲954,785	0,6830	96 253,353	▲7688	0,017 44	7,737	0,1151		50
30	0	▲950,623	0,6833	96 562,354	▲7598	0,017 43	7,849	0,1151	30	0
		▲+ 70	–	+ 55	▲+ 477,	+	+ 277	+		
'	"	4,162	3	309,001	90	1	0,112	0	'	"

$r_3 = -\,0{,}000\,18$

50°

'	"	4,161	3	309,002	89	0	0,111	1	'	"
		r_1	r_2	h_0	h_1	h_2	n_1	n_2		
		+ 70	–	▲+ 55	+ 477,	+	▲+ 277	+		
30	0	950,623	0,6833	▲96 562,354	7598	0,017 43	▲7,849	0,1151	30	0
	10	946,462	0,6836	▲96 871,356	7509	0,017 43	▲7,960	0,1150		10
	20	942,300	0,6840	▲97 180,358	7420	0,017 43	▲8,071	0,1150		20
	30	938,138	0,6843	▲97 489,360	7330	0,017 42	▲8,182	0,1150		30
	40	933,976	0,6846	▲97 798,362	7241	0,017 42	▲8,293	0,1150		40
	50	929,814	0,6849	▲98 107,364	7151	0,017 41	▲8,404	0,1150		50
31	0	925,652	0,6852	▲98 416,367	7062	0,017 41	▲8,514	0,1150	31	0
	10	921,489	0,6855	▲98 725,369	6972	0,017 41	▲8,625	0,1150		10
	20	917,326	0,6858	▲99 034,372	6883	0,017 40	▲8,736	0,1150		20
	30	913,163	0,6861	▲99 343,375	6793	0,017 40	▲8,847	0,1150		30
	40	909,000	0,6864	▲99 652,378	6703	0,017 40	▲8,958	0,1150		40
	50	904,837	0,6867	▲99 961,381	6614	0,017 39	▲9,069	0,1150		50
32	0	900,674	0,6870	00 270,384	6524	0,017 39	▲9,180	0,1149	32	0
	10	896,510	0,6873	00 579,388	6434	0,017 38	▲9,291	0,1149		10
	20	892,347	0,6876	00 888,391	6344	0,017 38	▲9,402	0,1149		20
	30	888,183	0,6879	01 197,395	6254	0,017 38	▲9,513	0,1149		30
	40	884,019	0,6882	01 506,399	6164	0,017 37	▲9,624	0,1149		40
	50	879,854	0,6885	01 815,403	6074	0,017 37	▲9,735	0,1149		50
33	0	875,690	0,6888	02 124,407	5984	0,017 37	▲9,846	0,1149	33	0
	10	871,525	0,6891	02 433,412	5894	0,017 36	▲9,957	0,1149		10
	20	867,361	0,6894	02 742,416	5804	0,017 36	0,068	0,1149		20
	30	863,196	0,6897	03 051,421	5714	0,017 35	0,178	0,1149		30
	40	859,031	0,6900	03 360,426	5623	0,017 35	0,289	0,1149		40
	50	854,865	0,6903	03 669,431	5533	0,017 35	0,400	0,1148		50
34	0	850,700	0,6906	03 978,436	5443	0,017 34	0,511	0,1148	34	0
	10	846,535	0,6909	04 287,441	5352	0,017 34	0,622	0,1148		10
	20	842,369	0,6912	04 596,446	5262	0,017 33	0,733	0,1148		20
	30	838,203	0,6915	04 905,452	5171	0,017 33	0,844	0,1148		30
	40	834,037	0,6918	04 214,458	5081	0,017 33	0,954	0,1148		40
	50	829,871	0,6921	04 523,463	4990	0,017 32	1,065	0,1148		50
35	0	825,704	0,6924	05 832,469	4900	0,017 32	1,176	0,1148	35	0
	10	821,538	0,6927	06 141,476	4809	0,017 32	1,287	0,1148		10
	20	817,371	0,6930	06 450,482	4718	0,017 31	1,398	0,1148		20
	30	813,204	0,6933	06 759,488	4628	0,017 31	1,508	0,1148		30
	40	809,037	0,6936	07 068,495	4537	0,017 30	1,619	0,1147		40
	50	804,870	0,6939	07 377,502	4446	0,017 30	1,730	0,1147		50
36	0	800,702	0,6942	07 686,508	4355	0,017 30	1,841	0,1147	36	0
	10	796,535	0,6945	07 995,516	4264	0,017 29	1,952	0,1147		10
	20	792,367	0,6949	08 304,523	4173	0,017 29	2,062	0,1147		20
	30	788,199	0,6952	08 613,530	4082	0,017 29	2,173	0,1147		30
	40	784,031	0,6955	08 922,537	3991	0,017 28	2,284	0,1147		40
	50	779,863	0,6958	08 231,545	3900	0,017 28	2,395	0,1147		50
37	0	775,694	0,6961	09 540,553	3809	0,017 27	2,505	0,1147	37	0
	10	771,526	0,6964	09 849,561	3718	0,017 27	2,616	0,1147		10
	20	767,357	0,6967	10 158,569	3626	0,017 27	2,727	0,1147		20
	30	763,188	0,6970	10 467,577	3535	0,017 26	2,838	0,1146		30
	40	759,019	0,6973	10 776,585	3444	0,017 26	2,948	0,1146		40
	50	754,850	0,6976	11 085,594	3352	0,017 25	3,059	0,1146		50
38	0	750,680	0,6979	11 394,603	3261	0,017 25	3,170	0,1146	38	0
	10	746,511	0,6982	11 703,611	3170	0,017 25	3,280	0,1146		10
	20	742,341	0,6985	12 012,620	3078	0,017 24	3,391	0,1146		20
	30	738,171	0,6988	12 321,629	2987	0,017 24	3,502	0,1146		30
	40	734,001	0,6991	12 630,639	2895	0,017 24	3,613	0,1146		40
	50	729,830	0,6994	12 939,648	2803	0,017 23	3,723	0,1146		50
39	0	725,660	0,6997	13 248,658	2712	0,017 23	3,834	0,1146	39	0
	10	721,489	0,7000	13 557,667	2620	0,017 22	3,945	0,1146		10
	20	717,319	0,7003	13 866,677	2528	0,017 22	4,055	0,1145		20
	30	713,148	0,7006	14 175,687	2436	0,017 22	4,166	0,1145		30
	40	708,977	0,7009	14 484,697	2344	0,017 21	4,276	0,1145		40
	50	704,805	0,7012	14 793,708	2253	0,017 21	4,387	0,1145		50
40	0	700,634	0,7015	15 102,718	2161	0,017 20	4,498	0,1145	40	0
		+ 70	–	+ 56	+ 477,	+	+ 278	+		
	"	4,171	3	309,010	92	1	0,111	0	'	"

r_3 = – 0,000 17

50°

'	"	r_1	r_2	h_0	h_1	h_2	n_1	n_2	'	"
		4,172	3	309,011	92	0	0,110	0		
		+ 70	–	+ 56	^+ 477,	+	+ 278	+		
40	0	700,634	0,7015	15 102,718	^2161	0,017 20	4,498	0,1145	40	0
	10	696,462	0,7018	15 411,729	^2069	0,017 20	4,608	0,1145		10
	20	692,291	0,7021	15 720,739	^1977	0,017 20	4,719	0,1145		20
	30	688,119	0,7024	16 029,750	^1884	0,017 19	4,830	0,1145		30
	40	683,946	0,7027	16 338,761	^1792	0,017 19	4,940	0,1145		40
	50	679,774	0,7030	16 647,772	^1700	0,017 19	5,051	0,1145		50
41	0	675,602	0,7033	16 956,784	^1608	0,017 18	5,161	0,1145	41	0
	10	671,429	0,7036	17 265,795	^1516	0,017 18	5,272	0,1144		10
	20	667,256	0,7039	17 574,807	^1423	0,017 17	5,383	0,1144		20
	30	663,083	0,7042	17 883,818	^1331	0,017 17	5,493	0,1144		30
	40	658,910	0,7045	18 192,830	^1239	0,017 17	5,604	0,1144		40
	50	654,737	0,7048	18 501,842	^1146	0,017 16	5,714	0,1144		50
42	0	650,564	0,7051	18 810,855	^1054	0,017 16	5,825	0,1144	42	0
	10	646,390	0,7054	19 119,867	^0961	0,017 16	5,935	0,1144		10
	20	642,216	0,7057	19 428,880	^0868	0,017 15	6,046	0,1144		20
	30	638,042	0,7060	19 737,892	^0776	0,017 15	6,156	0,1144		30
	40	633,868	0,7063	20 046,905	^0683	0,017 14	6,267	0,1144		40
	50	629,694	0,7066	20 355,918	^0590	0,017 14	6,377	0,1144		50
43	0	625,519	0,7069	20 664,931	^0498	0,017 14	6,488	0,1143	43	0
	10	621,345	0,7072	20 973,944	^0405	0,017 13	6,598	0,1143		10
	20	617,170	0,7075	21 282,958	^0312	0,017 13	6,709	0,1143		20
	30	612,995	0,7078	21 591,971	^0219	0,017 12	6,819	0,1143		30
	40	608,820	0,7081	21 900,985	^0126	0,017 12	6,930	0,1143		40
	50	604,644	0,7084	22 209,999	^0033	0,017 12	7,040	0,1143		50
44	0	600,469	0,7087	22 519,013	9940	0,017 11	7,151	0,1143	44	0
	10	596,293	0,7090	22 828,027	9847	0,017 11	7,261	0,1143		10
	20	592,118	0,7093	23 137,041	9754	0,017 11	7,372	0,1143		20
	30	587,942	0,7096	23 446,056	9661	0,017 10	7,482	0,1143		30
	40	583,765	0,7099	23 755,070	9568	0,017 10	7,593	0,1143		40
	50	579,589	0,7102	24 064,085	9474	0,017 09	7,703	0,1142		50
45	0	575,413	0,7105	24 373,100	9381	0,017 09	7,814	0,1142	45	0
	10	571,236	0,7108	24 682,115	9288	0,017 09	7,924	0,1142		10
	20	567,059	0,7111	24 991,130	9194	0,017 08	8,034	0,1142		20
	30	562,882	0,7114	25 300,145	9101	0,017 08	8,145	0,1142		30
	40	558,705	0,7117	25 609,161	9007	0,017 08	8,255	0,1142		40
	50	554,528	0,7120	25 918,176	8914	0,017 07	8,366	0,1142		50
46	0	550,350	0,7123	26 227,192	8820	0,017 07	8,476	0,1142	46	0
	10	546,173	0,7126	26 536,208	8727	0,017 06	8,586	0,1142		10
	20	541,995	0,7129	26 845,224	8633	0,017 06	8,697	0,1142		20
	30	537,817	0,7132	27 154,240	8539	0,017 06	8,807	0,1142		30
	40	533,639	0,7135	27 463,257	8446	0,017 05	8,917	0,1141		40
	50	529,460	0,7138	27 772,273	8352	0,017 05	9,028	0,1141		50
47	0	525,282	0,7141	28 081,290	8258	0,017 04	9,138	0,1141	47	0
	10	521,103	0,7144	28 390,306	8164	0,017 04	9,249	0,1141		10
	20	516,925	0,7147	28 699,323	8070	0,017 04	9,359	0,1141		20
	30	512,746	0,7150	29 008,341	7976	0,017 03	9,469	0,1141		30
	40	508,566	0,7153	29 317,358	7882	0,017 03	9,580	0,1141		40
	50	504,387	0,7156	29 626,375	7788	0,017 03	9,690	0,1141		50
48	0	500,208	0,7159	29 935,393	7694	0,017 02	9,800	0,1141	48	0
	10	496,028	0,7162	30 244,410	7600	0,017 02	9,910	0,1141		10
	20	491,848	0,7165	30 553,428	7506	0,017 01	^0,021	0,1141		20
	30	487,668	0,7168	30 862,446	7411	0,017 01	^0,131	0,1140		30
	40	483,488	0,7171	31 171,464	7317	0,017 01	^0,241	0,1140		40
	50	479,308	0,7174	31 480,483	7223	0,017 00	^0,352	0,1140		50
49	0	475,127	0,7177	31 789,501	7128	0,017 00	^0,462	0,1140	49	0
	10	470,947	0,7180	32 098,520	7034	0,017 00	^0,572	0,1140		10
	20	466,766	0,7182	32 407,538	6939	0,016 99	^0,682	0,1140		20
	30	462,585	0,7185	32 716,557	6845	0,016 99	^0,793	0,1140		30
	40	458,404	0,7188	33 025,576	6750	0,016 98	^0,903	0,1140		40
	50	454,222	0,7191	33 334,595	6656	0,016 98	^1,013	0,1140		50
50	0	450,041	0,7194	33 643,615	6561	0,016 98	^1,123	0,1140	50	0
		+ 70	–	+ 56	+ 476,	+	^+ 279	+		
'	"	4,181	3	309,020	95	0	0,110	0	'	"

$r_3 = -0{,}000\ 17$

50°

'	"	4,182	3	309,019	95	1	0,111	0	'	"
		r_1	r_2	h_0	h_1	h_2	n_1	n_2		
		+ 70	–	+ 56	+ 476,	+	+ 279	+		
50	0	450,041	0,7194	33 643,615	6561	0,016 98	1,123	0,1140	50	0
	10	445,859	0,7197	33 952,634	6466	0,016 97	1,234	0,1140		10
	20	441,677	0,7200	34 261,654	6372	0,016 97	1,344	0,1139		20
	30	437,495	0,7203	34 570,673	6277	0,016 96	1,454	0,1139		30
	40	433,313	0,7206	34 879,693	6182	0,016 96	1,564	0,1139		40
	50	429,131	0,7209	35 188,713	6087	0,016 96	1,674	0,1139		50
51	0	424,948	0,7212	35 497,734	5992	0,016 95	1,785	0,1139	51	0
	10	420,766	0,7215	35 806,754	5897	0,016 95	1,895	0,1139		10
	20	416,583	0,7218	36 115,774	5802	0,016 95	2,005	0,1139		20
	30	412,400	0,7221	36 424,795	5707	0,016 94	2,115	0,1139		30
	40	408,217	0,7224	36 733,816	5612	0,016 94	2,225	0,1139		40
	50	404,033	0,7227	37 042,837	5517	0,016 93	2,336	0,1139		50
52	0	399,850	0,7230	37 351,858	5422	0,016 93	2,446	0,1139	52	0
	10	395,666	0,7233	37 660,879	5327	0,016 93	2,556	0,1138		10
	20	391,482	0,7236	37 969,901	5231	0,016 92	2,666	0,1138		20
	30	387,298	0,7239	38 278,922	5136	0,016 92	2,776	0,1138		30
	40	383,114	0,7242	38 587,944	5041	0,016 92	2,886	0,1138		40
	50	378,930	0,7245	38 896,966	4945	0,016 91	2,996	0,1138		50
53	0	374,745	0,7248	39 205,988	4850	0,016 91	3,107	0,1138	53	0
	10	370,561	0,7251	39 515,010	4754	0,016 90	3,217	0,1138		10
	20	366,376	0,7254	39 824,032	4659	0,016 90	3,327	0,1138		20
	30	362,191	0,7257	40 133,054	4563	0,016 90	3,437	0,1138		30
	40	358,006	0,7260	40 442,077	4467	0,016 89	3,547	0,1138		40
	50	353,820	0,7263	40 751,100	4372	0,016 89	3,657	0,1138		50
54	0	349,635	0,7266	41 060,122	4276	0,016 88	3,767	0,1137	54	0
	10	345,449	0,7269	41 369,145	4180	0,016 88	3,877	0,1137		10
	20	341,263	0,7272	41 678,169	4084	0,016 88	3,987	0,1137		20
	30	337,077	0,7275	41 987,192	3989	0,016 87	4,097	0,1137		30
	40	332,891	0,7278	42 296,215	3893	0,016 87	4,207	0,1137		40
	50	328,705	0,7281	42 605,239	3797	0,016 87	4,317	0,1137		50
55	0	324,518	0,7284	42 914,263	3701	0,016 86	4,427	0,1137	55	0
	10	320,332	0,7287	43 223,287	3605	0,016 86	4,537	0,1137		10
	20	316,145	0,7289	43 532,311	3509	0,016 85	4,647	0,1137		20
	30	311,958	0,7292	43 841,335	3412	0,016 85	4,757	0,1137		30
	40	307,771	0,7295	44 150,359	3316	0,016 85	4,867	0,1136		40
	50	303,583	0,7298	44 459,384	3220	0,016 84	4,977	0,1136		50
56	0	299,396	0,7301	44 768,408	3124	0,016 84	5,087	0,1136	56	0
	10	295,208	0,7304	45 077,433	3027	0,016 84	5,197	0,1136		10
	20	291,020	0,7307	45 386,458	2931	0,016 83	5,307	0,1136		20
	30	286,832	0,7310	45 695,483	2835	0,016 83	5,417	0,1136		30
	40	282,644	0,7313	46 004,508	2738	0,016 82	5,527	0,1136		40
	50	278,456	0,7316	46 313,534	2642	0,016 82	5,637	0,1136		50
57	0	274,267	0,7319	46 622,559	2545	0,016 82	5,747	0,1136	57	0
	10	270,079	0,7322	46 931,585	2449	0,016 81	5,857	0,1136		10
	20	265,890	0,7325	47 240,611	2352	0,016 81	5,967	0,1136		20
	30	261,701	0,7328	47 549,637	2255	0,016 80	6,077	0,1135		30
	40	257,512	0,7331	47 858,663	2159	0,016 80	6,187	0,1135		40
	50	253,322	0,7334	48 167,689	2062	0,016 80	6,297	0,1135		50
58	0	249,133	0,7337	48 476,715	1965	0,016 79	6,407	0,1135	58	0
	10	244,943	0,7340	48 785,742	1868	0,016 79	6,517	0,1135		10
	20	240,753	0,7343	49 094,769	1771	0,016 79	6,627	0,1135		20
	30	236,563	0,7346	49 403,795	1674	0,016 78	6,737	0,1135		30
	40	232,373	0,7349	49 712,822	1577	0,016 78	6,847	0,1135		40
	50	228,183	0,7352	50 021,850	1480	0,016 77	6,956	0,1135		50
59	0	223,992	0,7355	50 330,877	1383	0,016 77	7,066	0,1135	59	0
	10	219,802	0,7357	50 639,904	1286	0,016 77	7,176	0,1135		10
	20	215,611	0,7360	50 948,932	1189	0,016 76	7,286	0,1134		20
	30	211,420	0,7363	51 257,960	1092	0,016 76	7,396	0,1134		30
	40	207,229	0,7366	51 566,988	0995	0,016 76	7,506	0,1134		40
	50	203,037	0,7369	51 876,016	0897	0,016 75	7,616	0,1134		50
60	0	198,846	0,7372	52 185,044	0800	0,016 75	7,725	0,1134	60	0
		+ 70	–	+ 56	+ 476,	+	+ 279	+		
'	"	4,191	3	309,028	97	0	0,109	0	'	"

$r_3 = - 0,000\ 17$

51°

'	"	r1	r2	h0	h1	h2	n1	n2	'	"
		4,192	3	309,028	97	1	0,110	0		
		+ 70	–	+ 56	*+ 476,	+	*+ 279	+		
0	0	198,846	0,7372	52 185,044	*0800	0,016 75	*7,725	0,1134	0	0
	10	194,654	0,7375	52 494,072	*0703	0,016 74	*7,835	0,1134		10
	20	190,462	0,7378	52 803,101	*0605	0,016 74	*7,945	0,1134		20
	30	186,270	0,7381	53 112,129	*0508	0,016 74	*8,055	0,1134		30
	40	182,078	0,7384	53 421,158	*0410	0,016 73	*8,165	0,1134		40
	50	177,886	0,7387	53 730,187	*0313	0,016 73	*8,275	0,1134		50
1	0	173,693	0,7390	54 039,216	*0215	0,016 72	*8,384	0,1134	1	0
	10	169,501	0,7393	54 348,245	*0117	0,016 72	*8,494	0,1133		10
	20	165,308	0,7396	54 657,275	*0020	0,016 72	*8,604	0,1133		20
	30	161,115	0,7399	54 966,304	9922	0,016 71	*8,714	0,1133		30
	40	156,922	0,7402	55 275,334	9824	0,016 71	*8,824	0,1133		40
	50	152,728	0,7405	55 584,364	9726	0,016 71	*8,933	0,1133		50
2	0	148,535	0,7408	55 893,393	9628	0,016 70	*9,043	0,1133	2	0
	10	144,341	0,7411	56 202,424	9531	0,016 70	*9,153	0,1133		10
	20	140,147	0,7413	56 511,454	9433	0,016 69	*9,263	0,1133		20
	30	135,953	0,7416	56 820,484	9335	0,016 69	*9,372	0,1133		30
	40	131,759	0,7419	57 129,515	9236	0,016 69	*9,482	0,1133		40
	50	127,565	0,7422	57 438,545	9138	0,016 68	*9,592	0,1133		50
3	0	123,370	0,7425	57 747,576	9040	0,016 68	*9,701	0,1132	3	0
	10	119,176	0,7428	58 056,607	8942	0,016 68	*9,811	0,1132		10
	20	114,981	0,7431	58 365,638	8844	0,016 67	*9,921	0,1132		20
	30	110,786	0,7434	58 674,670	8746	0,016 67	0,031	0,1132		30
	40	106,591	0,7437	58 983,701	8647	0,016 66	0,140	0,1132		40
	50	102,395	0,7440	59 292,733	8549	0,016 66	0,250	0,1132		50
4	0	098,200	0,7443	59 601,764	8450	0,016 66	0,360	0,1132	4	0
	10	094,004	0,7446	59 910,796	8352	0,016 65	0,469	0,1132		10
	20	089,808	0,7449	60 219,828	8253	0,016 65	0,579	0,1132		20
	30	085,612	0,7452	60 528,860	8155	0,016 64	0,689	0,1132		30
	40	081,416	0,7455	60 837,893	8056	0,016 64	0,798	0,1132		40
	50	077,220	0,7458	61 146,925	7958	0,016 64	0,908	0,1131		50
5	0	073,023	0,7460	61 455,958	7859	0,016 63	1,018	0,1131	5	0
	10	068,827	0,7463	61 764,991	7760	0,016 63	1,127	0,1131		10
	20	064,630	0,7466	62 074,023	7662	0,016 63	1,237	0,1131		20
	30	060,433	0,7469	62 383,057	7563	0,016 62	1,347	0,1131		30
	40	056,236	0,7472	62 692,090	7464	0,016 62	1,456	0,1131		40
	50	052,039	0,7475	63 001,123	7365	0,016 61	1,566	0,1131		50
6	0	047,841	0,7478	63 310,157	7266	0,016 61	1,675	0,1131	6	0
	10	043,643	0,7481	63 619,190	7167	0,016 61	1,785	0,1131		10
	20	039,446	0,7484	63 928,224	7068	0,016 60	1,895	0,1131		20
	30	035,248	0,7487	64 237,258	6969	0,016 60	2,004	0,1130		30
	40	031,049	0,7490	64 546,292	6870	0,016 60	2,114	0,1130		40
	50	026,851	0,7493	64 855,326	6771	0,016 59	2,223	0,1130		50
7	0	022,653	0,7496	65 164,361	6671	0,016 59	2,333	0,1130	7	0
	10	018,454	0,7499	65 473,395	6572	0,016 58	2,442	0,1130		10
	20	014,255	0,7502	65 782,430	6473	0,016 58	2,552	0,1130		20
	30	010,056	0,7504	66 091,465	6373	0,016 58	2,661	0,1130		30
	40	005,857	0,7507	66 400,500	6274	0,016 57	2,771	0,1130		40
	50	001,658	0,7510	66 709,535	6175	0,016 57	2,881	0,1130		50
8	0	*997,458	0,7513	67 018,570	6075	0,016 56	2,990	0,1130	8	0
	10	*993,259	0,7516	67 327,605	5976	0,016 56	3,100	0,1130		10
	20	*989,059	0,7519	67 636,641	5876	0,016 56	3,209	0,1129		20
	30	*984,859	0,7522	67 945,677	5776	0,016 55	3,319	0,1129		30
	40	*980,659	0,7525	68 254,713	5677	0,016 55	3,428	0,1129		40
	50	*976,458	0,7528	68 563,749	5577	0,016 55	3,538	0,1129		50
9	0	*972,258	0,7531	68 872,785	5477	0,016 54	3,647	0,1129	9	0
	10	*968,057	0,7534	69 181,821	5377	0,016 54	3,757	0,1129		10
	20	*963,856	0,7537	69 490,858	5278	0,016 53	3,866	0,1129		20
	30	*959,655	0,7540	69 799,894	5178	0,016 53	3,975	0,1129		30
	40	*955,454	0,7542	70 108,931	5078	0,016 53	4,085	0,1129		40
	50	*951,253	0,7545	70 417,968	4978	0,016 52	4,194	0,1129		50
10	0	*947,051	0,7548	70 727,005	4878	0,016 52	4,304	0,1129	10	0
		*+ 69	–	+ 56	+ 475,	+	+ 280	+		
'	"	4,202	3	309,037	100	0	0,110	0	'	"

$r_3 = -\,0{,}000\ 17$

51°

'	"	4,201	3	309,037	100	0	0,109	1	'	"
		r_1	r_2	h_0	h_1	h_2	n_1	n_2		
		+ 69	–	+ 56	+ 475,	+	+ 280	+		
10	0	947,051	0,7548	70 727,005	4878	0,016 52	4,304	0,1129	10	0
	10	942,850	0,7551	71 036,042	4778	0,016 52	4,413	0,1128		10
	20	938,648	0,7554	71 345,079	4678	0,016 51	4,523	0,1128		20
	30	934,446	0,7557	71 654,117	4577	0,016 51	4,632	0,1128		30
	40	930,244	0,7560	71 963,154	4477	0,016 50	4,742	0,1128		40
	50	926,042	0,7563	72 272,192	4377	0,016 50	4,851	0,1128		50
11	0	921,839	0,7566	72 581,230	4277	0,016 50	4,960	0,1128	11	0
	10	917,636	0,7569	72 890,268	4176	0,016 49	5,070	0,1128		10
	20	913,434	0,7572	73 199,306	4076	0,016 49	5,179	0,1128		20
	30	909,231	0,7575	73 508,345	3975	0,016 48	5,289	0,1128		30
	40	905,028	0,7577	73 817,383	3875	0,016 48	5,398	0,1128		40
	50	900,824	0,7580	74 126,422	3774	0,016 48	5,507	0,1128		50
12	0	896,621	0,7583	74 435,461	3674	0,016 47	5,617	0,1127	12	0
	10	892,417	0,7586	74 744,500	3573	0,016 47	5,726	0,1127		10
	20	888,213	0,7589	75 053,539	3473	0,016 47	5,835	0,1127		20
	30	884,009	0,7592	75 362,578	3372	0,016 46	5,945	0,1127		30
	40	879,805	0,7595	75 671,617	3271	0,016 46	6,054	0,1127		40
	50	875,601	0,7598	75 980,657	3170	0,016 45	6,163	0,1127		50
13	0	871,396	0,7601	76 289,697	3070	0,016 45	6,273	0,1127	13	0
	10	867,192	0,7604	76 598,737	2969	0,016 45	6,382	0,1127		10
	20	862,987	0,7607	76 907,777	2868	0,016 44	6,491	0,1127		20
	30	858,782	0,7609	77 216,817	2767	0,016 44	6,601	0,1127		30
	40	854,577	0,7612	77 525,857	2666	0,016 44	6,710	0,1126		40
	50	850,372	0,7615	77 834,897	2565	0,016 43	6,819	0,1126		50
14	0	846,166	0,7618	78 143,938	2464	0,016 43	6,929	0,1126	14	0
	10	841,961	0,7621	78 452,979	2362	0,016 42	7,038	0,1126		10
	20	837,755	0,7624	78 762,020	2261	0,016 42	7,147	0,1126		20
	30	833,549	0,7627	79 071,061	2160	0,016 42	7,256	0,1126		30
	40	829,343	0,7630	79 380,102	2059	0,016 41	7,366	0,1126		40
	50	825,136	0,7633	79 689,143	1957	0,016 41	7,475	0,1126		50
15	0	820,930	0,7636	79 998,184	1856	0,016 40	7,584	0,1126	15	0
	10	816,723	0,7639	80 307,226	1755	0,016 40	7,693	0,1126		10
	20	812,517	0,7641	80 616,268	1653	0,016 40	7,803	0,1126		20
	30	808,310	0,7644	80 925,310	1552	0,016 39	7,912	0,1125		30
	40	804,103	0,7647	81 234,352	1450	0,016 39	8,021	0,1125		40
	50	799,895	0,7650	81 543,394	1349	0,016 39	8,130	0,1125		50
16	0	795,688	0,7653	81 852,436	1247	0,016 38	8,239	0,1125	16	0
	10	791,480	0,7656	82 161,479	1145	0,016 38	8,349	0,1125		10
	20	787,272	0,7659	82 470,522	1044	0,016 37	8,458	0,1125		20
	30	783,064	0,7662	82 779,564	0942	0,016 37	8,567	0,1125		30
	40	778,856	0,7665	83 088,607	0840	0,016 37	8,676	0,1125		40
	50	774,648	0,7668	83 397,650	0738	0,016 36	8,785	0,1125		50
17	0	770,440	0,7670	83 706,694	0636	0,016 36	8,895	0,1125	17	0
	10	766,231	0,7673	84 015,737	0534	0,016 36	9,004	0,1125		10
	20	762,022	0,7676	84 324,780	0432	0,016 35	9,113	0,1124		20
	30	757,813	0,7679	84 633,824	0330	0,016 35	9,222	0,1124		30
	40	753,604	0,7682	84 942,868	0228	0,016 34	9,331	0,1124		40
	50	749,395	0,7685	85 251,912	0126	0,016 34	9,440	0,1124		50
18	0	745,186	0,7688	85 560,956	0024	0,016 34	9,549	0,1124	18	0
	10	740,976	0,7691	85 870,000	*9922	0,016 33	9,659	0,1124		10
	20	736,766	0,7694	86 179,045	*9819	0,016 33	9,768	0,1124		20
	30	732,556	0,7697	86 488,089	*9717	0,016 33	9,877	0,1124		30
	40	728,346	0,7699	86 797,134	*9615	0,016 32	9,986	0,1124		40
	50	724,136	0,7702	87 106,179	*9512	0,016 32	*0,095	0,1124		50
19	0	719,925	0,7705	87 415,224	*9410	0,016 31	*0,204	0,1124	19	0
	10	715,715	0,7708	87 724,269	*9307	0,016 31	*0,313	0,1123		10
	20	711,504	0,7711	88 033,314	*9205	0,016 31	*0,422	0,1123		20
	30	707,293	0,7714	88 342,360	*9102	0,016 30	*0,531	0,1123		30
	40	703,082	0,7717	88 651,405	*9000	0,016 30	*0,640	0,1123		40
	50	698,871	0,7720	88 960,451	*8897	0,016 29	*0,749	0,1123		50
20	0	694,659	0,7723	89 269,497	*8794	0,016 29	*0,858	0,1123	20	0
		+ 69	–	+ 56	*+ 474,	+	*+ 281	+		
'	"	4,212	3	309,046	103	0	0,109	0	'	"

$r_3 = -\ 0{,}000\ 17$

51°

'	"	r1	r2	h0	h1	h2	n1	n2	'	"
		4,211	2	309,046	102	0	0,110	0		
'	"	r_1	r_2	h_0	h_1	h_2	n_1	n_2	'	"
		+ 69	–	+ 56	+ 474,	+	+ 281	+		
20	0	694,659	0,7723	89 269,497	8794	0,016 29	0,858	0,1123	20	0
	10	690,448	0,7725	89 578,543	8692	0,016 29	0,968	0,1123		10
	20	686,236	0,7728	89 887,589	8589	0,016 28	1,077	0,1123		20
	30	682,024	0,7731	90 196,635	8486	0,016 28	1,186	0,1123		30
	40	677,812	0,7734	90 505,682	8383	0,016 28	1,295	0,1123		40
	50	673,600	0,7737	90 814,729	8280	0,016 27	1,404	0,1122		50
21	0	669,387	0,7740	91 123,775	8177	0,016 27	1,513	0,1122	21	0
	10	665,175	0,7743	91 432,822	8074	0,016 26	1,622	0,1122		10
	20	660,962	0,7746	91 741,869	7971	0,016 26	1,731	0,1122		20
	30	656,749	0,7749	92 050,917	7868	0,016 26	1,840	0,1122		30
	40	652,536	0,7751	92 359,964	7765	0,016 25	1,949	0,1122		40
	50	648,323	0,7754	92 669,011	7662	0,016 25	2,058	0,1122		50
22	0	644,110	0,7757	92 978,059	7558	0,016 25	2,167	0,1122	22	0
	10	639,896	0,7760	93 287,107	7455	0,016 24	2,276	0,1122		10
	20	635,682	0,7763	93 596,155	7352	0,016 24	2,384	0,1122		20
	30	631,468	0,7766	93 905,203	7248	0,016 23	2,493	0,1122		30
	40	627,254	0,7769	94 214,251	7145	0,016 23	2,602	0,1121		40
	50	623,040	0,7772	94 523,300	7041	0,016 23	2,711	0,1121		50
23	0	618,826	0,7774	94 832,348	6938	0,016 22	2,820	0,1121	23	0
	10	614,611	0,7777	95 141,397	6834	0,016 22	2,929	0,1121		10
	20	610,396	0,7780	95 450,446	6731	0,016 21	3,038	0,1121		20
	30	606,181	0,7783	95 759,495	6627	0,016 21	3,147	0,1121		30
	40	601,966	0,7786	96 068,544	6523	0,016 21	3,256	0,1121		40
	50	597,751	0,7789	96 377,593	6420	0,016 20	3,365	0,1121		50
24	0	593,536	0,7792	96 686,642	6316	0,016 20	3,474	0,1121	24	0
	10	589,320	0,7795	96 995,692	6212	0,016 20	3,583	0,1121		10
	20	585,105	0,7798	97 304,742	6108	0,016 19	3,691	0,1121		20
	30	580,889	0,7800	97 613,792	6004	0,016 19	3,800	0,1120		30
	40	576,673	0,7803	97 922,842	5900	0,016 18	3,909	0,1120		40
	50	572,456	0,7806	98 231,892	5796	0,016 18	4,018	0,1120		50
25	0	568,240	0,7809	98 540,942	5692	0,016 18	4,127	0,1120	25	0
	10	564,023	0,7812	98 849,992	5588	0,016 17	4,236	0,1120		10
	20	559,807	0,7815	99 159,043	5484	0,016 17	4,345	0,1120		20
	30	555,590	0,7818	99 468,094	5380	0,016 17	4,453	0,1120		30
	40	551,373	0,7821	99 777,145	5276	0,016 16	4,562	0,1120		40
	50	547,156	0,7823	*00 086,196	5171	0,016 16	4,671	0,1120		50
26	0	542,938	0,7826	*00 395,247	5067	0,016 15	4,780	0,1120	26	0
	10	538,721	0,7829	*00 704,298	4963	0,016 15	4,889	0,1119		10
	20	534,503	0,7832	*01 013,350	4858	0,016 15	4,997	0,1119		20
	30	530,285	0,7835	*01 322,401	4754	0,016 14	5,106	0,1119		30
	40	526,067	0,7838	*01 631,453	4649	0,016 14	5,215	0,1119		40
	50	521,849	0,7841	*01 940,505	4545	0,016 14	5,324	0,1119		50
27	0	517,631	0,7843	*02 249,557	4440	0,016 13	5,433	0,1119	27	0
	10	513,412	0,7846	*02 558,609	4335	0,016 13	5,541	0,1119		10
	20	509,193	0,7849	*02 867,662	4231	0,016 12	5,650	0,1119		20
	30	504,975	0,7852	*03 176,714	4126	0,016 12	5,759	0,1119		30
	40	500,756	0,7855	*03 485,767	4021	0,016 12	5,868	0,1119		40
	50	496,536	0,7858	*03 794,820	3917	0,016 11	5,976	0,1119		50
28	0	492,317	0,7861	*04 103,873	3812	0,016 11	6,085	0,1118	28	0
	10	488,098	0,7864	*04 412,926	3707	0,016 10	6,194	0,1118		10
	20	483,878	0,7866	*04 721,979	3602	0,016 10	6,303	0,1118		20
	30	479,658	0,7869	*05 031,032	3497	0,016 10	6,411	0,1118		30
	40	475,438	0,7872	*05 340,086	3392	0,016 09	6,520	0,1118		40
	50	471,218	0,7875	*05 649,140	3287	0,016 09	6,629	0,1118		50
29	0	466,997	0,7878	*05 958,194	3182	0,016 09	6,737	0,1118	29	0
	10	462,777	0,7881	*06 267,248	3076	0,016 08	6,846	0,1118		10
	20	458,556	0,7884	*06 576,202	2971	0,016 08	6,955	0,1118		20
	30	454,335	0,7886	*06 885,356	2866	0,016 07	7,063	0,1118		30
	40	450,114	0,7889	*07 194,410	2761	0,016 07	7,172	0,1118		40
	50	445,893	0,7892	*07 503,465	2655	0,016 07	7,281	0,1117		50
30	0	441,672	0,7895	*07 812,520	2550	0,016 06	7,389	0,1117	30	0
		+ 69	–	*+ 57	+ 474,	+	+ 281	+		
'	"	4,221	3	309,055	105	1	0,108	0	'	"

$r_3 = -\,0{,}000\ 17$

51°

'	"	4,221	3	309,055	106	0	0,109	0	'	"
		r_1	r_2	h_0	h_1	h_2	n_1	n_2		
		+ 69	–	+ 57	▲+ 474,	+	▲+ 281	+		
30	0	441,672	0,7895	07 812,520	▲2550	0,016 06	▲7,389	0,1117	30	0
	10	437,451	0,7898	08 121,575	▲2444	0,016 06	▲7,498	0,1117		10
	20	433,229	0,7901	08 430,630	▲2339	0,016 06	▲7,607	0,1117		20
	30	429,007	0,7904	08 739,685	▲2233	0,016 05	▲7,715	0,1117		30
	40	424,785	0,7906	09 048,740	▲2128	0,016 05	▲7,824	0,1117		40
	50	420,563	0,7909	09 357,795	▲2022	0,016 04	▲7,933	0,1117		50
31	0	416,341	0,7912	09 666,851	▲1917	0,016 04	▲8,041	0,1117	31	0
	10	412,118	0,7915	09 975,907	▲1811	0,016 04	▲8,150	0,1117		10
	20	407,895	0,7918	10 284,963	▲1705	0,016 03	▲8,258	0,1117		20
	30	403,673	0,7921	10 594,019	▲1599	0,016 03	▲8,367	0,1116		30
	40	399,450	0,7924	10 903,075	▲1494	0,016 03	▲8,476	0,1116		40
	50	395,227	0,7926	11 212,131	▲1388	0,016 02	▲8,584	0,1116		50
32	0	391,003	0,7929	11 521,188	▲1282	0,016 02	▲8,693	0,1116	32	0
	10	386,780	0,7932	11 830,244	▲1176	0,016 01	▲8,801	0,1116		10
	20	382,556	0,7935	12 139,301	▲1070	0,016 01	▲8,910	0,1116		20
	30	378,332	0,7938	12 448,358	▲0964	0,016 01	▲9,018	0,1116		30
	40	374,108	0,7941	12 757,415	▲0858	0,016 00	▲9,127	0,1116		40
	50	369,884	0,7944	13 066,472	▲0751	0,016 00	▲9,235	0,1116		50
33	0	365,660	0,7946	13 375,530	▲0645	0,015 99	▲9,344	0,1116	33	0
	10	361,436	0,7949	13 684,587	▲0539	0,015 99	▲9,453	0,1116		10
	20	357,211	0,7952	13 993,645	▲0433	0,015 99	▲9,561	0,1115		20
	30	352,986	0,7955	14 302,703	▲0326	0,015 98	▲9,670	0,1115		30
	40	348,761	0,7958	14 611,761	▲0220	0,015 98	▲9,778	0,1115		40
	50	344,536	0,7961	14 920,819	▲0114	0,015 98	▲9,887	0,1115		50
34	0	340,311	0,7964	15 229,877	▲0007	0,015 97	▲9,995	0,1115	34	0
	10	336,085	0,7966	15 538,936	9901	0,015 97	0,104	0,1115		10
	20	331,860	0,7969	15 847,994	9794	0,015 96	0,212	0,1115		20
	30	327,634	0,7972	16 157,053	9688	0,015 96	0,320	0,1115		30
	40	323,408	0,7975	16 466,112	9581	0,015 96	0,429	0,1115		40
	50	319,182	0,7978	16 775,171	9474	0,015 95	0,537	0,1115		50
35	0	314,956	0,7981	17 084,230	9367	0,015 95	0,646	0,1114	35	0
	10	310,729	0,7983	17 393,289	9261	0,015 95	0,754	0,1114		10
	20	306,503	0,7986	17 702,348	9154	0,015 94	0,863	0,1114		20
	30	302,276	0,7989	18 011,408	9047	0,015 94	0,971	0,1114		30
	40	298,049	0,7992	18 320,468	8940	0,015 93	1,080	0,1114		40
	50	293,822	0,7995	18 629,528	8833	0,015 93	1,188	0,1114		50
36	0	289,595	0,7998	18 938,588	8726	0,015 93	1,296	0,1114	36	0
	10	285,367	0,8000	19 247,648	8619	0,015 92	1,405	0,1114		10
	20	281,140	0,8003	19 556,708	8512	0,015 92	1,513	0,1114		20
	30	276,912	0,8006	19 865,769	8405	0,015 92	1,622	0,1114		30
	40	272,684	0,8009	20 174,829	8298	0,015 91	1,730	0,1114		40
	50	268,456	0,8012	20 483,890	8191	0,015 91	1,838	0,1113		50
37	0	264,228	0,8015	20 792,951	8083	0,015 90	1,947	0,1113	37	0
	10	259,999	0,8018	21 102,012	7976	0,015 90	2,055	0,1113		10
	20	255,771	0,8020	21 411,073	7869	0,015 90	2,164	0,1113		20
	30	251,542	0,8023	21 720,134	7761	0,015 89	2,272	0,1113		30
	40	247,313	0,8026	22 029,196	7654	0,015 89	2,380	0,1113		40
	50	243,084	0,8029	22 338,258	7546	0,015 88	2,489	0,1113		50
38	0	238,855	0,8032	22 647,319	7439	0,015 88	2,597	0,1113	38	0
	10	234,625	0,8035	22 956,381	7331	0,015 88	2,705	0,1113		10
	20	230,396	0,8037	23 265,443	7224	0,015 87	2,814	0,1113		20
	30	226,166	0,8040	23 574,506	7116	0,015 87	2,922	0,1112		30
	40	221,936	0,8043	23 883,568	7008	0,015 87	3,030	0,1112		40
	50	217,706	0,8046	24 192,630	6900	0,015 86	3,138	0,1112		50
39	0	213,476	0,8049	24 501,693	6793	0,015 86	3,247	0,1112	39	0
	10	209,246	0,8052	24 810,756	6685	0,015 85	3,355	0,1112		10
	20	205,015	0,8054	25 119,819	6577	0,015 85	3,463	0,1112		20
	30	200,784	0,8057	25 428,882	6469	0,015 85	3,572	0,1112		30
	40	196,554	0,8060	25 737,945	6361	0,015 84	3,680	0,1112		40
	50	192,322	0,8063	26 047,009	6253	0,015 84	3,788	0,1112		50
40	0	188,091	0,8066	26 356,072	6145	0,015 84	3,896	0,1112	40	0
		+ 69	–	+ 57	+ 473,	+	+ 282	+		
'	"	4,231	3	309,063	108	0	0,108	0	'	"

$r_3 = -0{,}000\ 17$

51°

°	"	r_1	r_2	h_0	h_1	h_2	n_1	n_2	°	"
		4,231	3	309,064	108	1	0,109	0		
		+ 69	–	+ 57	+ 473,	+	+ 282	+		
40	0	188,091	0,8066	26 356,072	6145	0,015 84	3,896	0,1112	40	0
	10	183,860	0,8069	26 665,136	6037	0,015 83	4,005	0,1112		10
	20	179,628	0,8071	26 974,200	5929	0,015 83	4,113	0,1111		20
	30	175,397	0,8074	27 283,264	5820	0,015 82	4,221	0,1111		30
	40	171,165	0,8077	27 592,328	5712	0,015 82	4,329	0,1111		40
	50	166,933	0,8080	27 901,392	5604	0,015 82	4,438	0,1111		50
41	0	162,701	0,8083	28 210,457	5496	0,015 81	4,546	0,1111	41	0
	10	158,468	0,8085	28 519,521	5387	0,015 81	4,654	0,1111		10
	20	154,236	0,8088	28 828,586	5279	0,015 81	4,762	0,1111		20
	30	150,003	0,8091	29 137,651	5170	0,015 80	4,870	0,1111		30
	40	145,770	0,8094	29 446,716	5062	0,015 80	4,979	0,1111		40
	50	141,537	0,8097	29 755,781	4953	0,015 79	5,087	0,1111		50
42	0	137,304	0,8100	30 064,846	4845	0,015 79	5,195	0,1111	42	0
	10	133,071	0,8102	30 373,912	4736	0,015 79	5,303	0,1110		10
	20	128,837	0,8105	30 682,977	4627	0,015 78	5,411	0,1110		20
	30	124,604	0,8108	30 992,043	4519	0,015 78	5,519	0,1110		30
	40	120,370	0,8111	31 301,109	4410	0,015 77	5,628	0,1110		40
	50	116,136	0,8114	31 610,175	4301	0,015 77	5,736	0,1110		50
43	0	111,902	0,8117	31 919,241	4192	0,015 77	5,844	0,1110	43	0
	10	107,667	0,8119	32 228,308	4083	0,015 76	5,952	0,1110		10
	20	103,433	0,8122	32 537,374	3974	0,015 76	6,060	0,1110		20
	30	099,198	0,8125	32 846,441	3865	0,015 76	6,168	0,1110		30
	40	094,963	0,8128	33 155,507	3756	0,015 75	6,276	0,1110		40
	50	090,728	0,8131	33 464,574	3647	0,015 75	6,384	0,1109		50
44	0	086,493	0,8133	33 773,641	3538	0,015 74	6,493	0,1109	44	0
	10	082,258	0,8136	34 082,709	3429	0,015 74	6,601	0,1109		10
	20	078,023	0,8139	34 391,776	3320	0,015 74	6,709	0,1109		20
	30	073,787	0,8142	34 700,844	3210	0,015 73	6,817	0,1109		30
	40	069,551	0,8145	35 009,911	3101	0,015 73	6,925	0,1109		40
	50	065,315	0,8148	35 318,979	2992	0,015 73	7,033	0,1109		50
45	0	061,079	0,8150	35 628,047	2882	0,015 72	7,141	0,1109	45	0
	10	056,843	0,8153	35 937,115	2773	0,015 72	7,249	0,1109		10
	20	052,606	0,8156	36 246,183	2663	0,015 71	7,357	0,1109		20
	30	048,370	0,8159	36 555,252	2554	0,015 71	7,465	0,1109		30
	40	044,133	0,8162	36 864,320	2444	0,015 71	7,573	0,1108		40
	50	039,896	0,8164	37 173,389	2334	0,015 70	7,681	0,1108		50
46	0	035,659	0,8167	37 482,458	2225	0,015 70	7,789	0,1108	46	0
	10	031,422	0,8170	37 791,527	2115	0,015 70	7,897	0,1108		10
	20	027,184	0,8173	38 100,596	2005	0,015 69	8,005	0,1108		20
	30	022,947	0,8176	38 409,665	1896	0,015 69	8,113	0,1108		30
	40	018,709	0,8178	38 718,735	1786	0,015 68	8,221	0,1108		40
	50	014,471	0,8181	39 027,804	1676	0,015 68	8,329	0,1108		50
47	0	010,233	0,8184	39 336,874	1566	0,015 68	8,437	0,1108	47	0
	10	005,995	0,8187	39 645,944	1456	0,015 67	8,545	0,1108		10
	20	001,756	0,8190	39 955,014	1346	0,015 67	8,653	0,1107		20
	30	*997,518	0,8193	40 264,084	1236	0,015 66	8,761	0,1107		30
	40	*993,279	0,8195	40 573,154	1126	0,015 66	8,869	0,1107		40
	50	*989,040	0,8198	40 882,225	1016	0,015 66	8,977	0,1107		50
48	0	*984,801	0,8201	41 191,295	0905	0,015 65	9,085	0,1107	48	0
	10	*980,562	0,8204	41 500,366	0795	0,015 65	9,193	0,1107		10
	20	*976,322	0,8207	41 809,437	0685	0,015 65	9,301	0,1107		20
	30	*972,083	0,8209	42 118,508	0574	0,015 64	9,409	0,1107		30
	40	*967,843	0,8212	42 427,579	0464	0,015 64	9,516	0,1107		40
	50	*963,603	0,8215	42 736,651	0354	0,015 63	9,624	0,1107		50
49	0	*959,363	0,8218	43 045,722	0243	0,015 63	9,732	0,1107	49	0
	10	*955,123	0,8221	43 354,794	0133	0,015 63	9,840	0,1106		10
	20	*950,883	0,8223	43 663,865	0022	0,015 62	9,948	0,1106		20
	30	*946,642	0,8226	43 972,937	*9911	0,015 62	*0,056	0,1106		30
	40	*942,401	0,8229	44 282,009	*9801	0,015 62	*0,164	0,1106		40
	50	*938,160	0,8232	44 591,082	*9690	0,015 61	*0,272	0,1106		50
50	0	*933,919	0,8235	44 900,154	*9579	0,015 61	*0,380	0,1106	50	0
		*+ 68	–	+ 57	*+ 472,	+	*+ 283	+		
'	"	4,241	3	309,072	111	0	0,108	0	'	"

$r_3 = -\,0{,}000\ 17$

51°

'	"	r_1	r_2	h_o	h_1	h_2	n_1	n_2	'	"
		4,241	2	309,072	110	1	0,107	0		
		+ 68	–	+ 57	+ 472,	+	+ 283	+		
50	0	933,919	0,8235	44 900,154	9579	0,015 61	0,380	0,1106	50	0
	10	929,678	0,8237	45 209,226	9469	0,015 60	0,487	0,1106		10
	20	925,437	0,8240	45 518,299	9358	0,015 60	0,595	0,1106		20
	30	921,195	0,8243	45 827,372	9247	0,015 60	0,703	0,1106		30
	40	916,954	0,8246	46 136,445	9136	0,015 59	0,811	0,1106		40
	50	912,712	0,8249	46 445,518	9025	0,015 59	0,919	0,1105		50
51	0	908,470	0,8251	46 754,591	8914	0,015 59	1,027	0,1105	51	0
	10	904,228	0,8254	47 063,665	8803	0,015 58	1,134	0,1105		10
	20	899,985	0,8257	47 372,738	8692	0,015 58	1,242	0,1105		20
	30	895,743	0,8260	47 681,812	8581	0,015 57	1,350	0,1105		30
	40	891,500	0,8263	47 990,886	8470	0,015 57	1,458	0,1105		40
	50	887,257	0,8265	48 299,960	8358	0,015 57	1,566	0,1105		50
52	0	883,014	0,8268	48 609,034	8247	0,015 56	1,673	0,1105	52	0
	10	878,771	0,8271	48 918,108	8136	0,015 56	1,781	0,1105		10
	20	874,528	0,8274	49 227,182	8024	0,015 56	1,889	0,1105		20
	30	870,284	0,8276	49 536,257	7913	0,015 55	1,997	0,1105		30
	40	866,041	0,8279	49 845,332	7801	0,015 55	2,104	0,1104		40
	50	861,797	0,8282	50 154,407	7690	0,015 54	2,212	0,1104		50
53	0	857,553	0,8285	50 463,482	7578	0,015 54	2,320	0,1104	53	0
	10	853,309	0,8288	50 772,557	7467	0,015 54	2,428	0,1104		10
	20	849,064	0,8290	51 081,632	7355	0,015 53	2,535	0,1104		20
	30	844,820	0,8293	51 390,707	7244	0,015 53	2,643	0,1104		30
	40	840,575	0,8296	51 699,783	7132	0,015 52	2,751	0,1104		40
	50	836,331	0,8299	52 008,859	7020	0,015 52	2,858	0,1104		50
54	0	832,086	0,8302	52 317,935	6908	0,015 52	2,966	0,1104	54	0
	10	827,840	0,8304	52 627,011	6796	0,015 51	3,074	0,1104		10
	20	823,595	0,8307	52 936,087	6685	0,015 51	3,181	0,1103		20
	30	819,350	0,8310	53 245,163	6573	0,015 51	3,289	0,1103		30
	40	815,104	0,8313	53 554,240	6461	0,015 50	3,397	0,1103		40
	50	810,858	0,8316	53 863,316	6349	0,015 50	3,504	0,1103		50
55	0	806,612	0,8318	54 172,393	6236	0,015 49	3,612	0,1103	55	0
	10	802,366	0,8321	54 481,470	6124	0,015 49	3,720	0,1103		10
	20	798,120	0,8324	54 790,547	6012	0,015 49	3,827	0,1103		20
	30	793,874	0,8327	55 099,624	5900	0,015 48	3,935	0,1103		30
	40	789,627	0,8329	55 408,702	5788	0,015 48	4,043	0,1103		40
	50	785,380	0,8332	55 717,779	5675	0,015 48	4,150	0,1103		50
56	0	781,133	0,8335	56 026,857	5563	0,015 47	4,258	0,1103	56	0
	10	776,886	0,8338	56 335,934	5451	0,015 47	4,366	0,1102		10
	20	772,639	0,8341	56 645,012	5338	0,015 46	4,473	0,1102		20
	30	768,392	0,8343	56 954,091	5226	0,015 46	4,581	0,1102		30
	40	764,144	0,8346	57 263,169	5113	0,015 46	4,688	0,1102		40
	50	759,896	0,8349	57 572,247	5001	0,015 45	4,796	0,1102		50
57	0	755,648	0,8352	57 881,326	4888	0,015 45	4,903	0,1102	57	0
	10	751,400	0,8354	58 190,404	4775	0,015 45	5,011	0,1102		10
	20	747,152	0,8357	58 499,483	4663	0,015 44	5,119	0,1102		20
	30	742,904	0,8360	58 808,562	4550	0,015 44	5,226	0,1102		30
	40	738,655	0,8363	59 117,641	4437	0,015 43	5,334	0,1102		40
	50	734,407	0,8366	59 426,720	4324	0,015 43	5,441	0,1101		50
58	0	730,158	0,8368	59 735,800	4212	0,015 43	5,549	0,1101	58	0
	10	725,909	0,8371	60 044,879	4099	0,015 42	5,656	0,1101		10
	20	721,659	0,8374	60 353,959	3986	0,015 42	5,764	0,1101		20
	30	717,410	0,8377	60 663,039	3873	0,015 42	5,871	0,1101		30
	40	713,161	0,8379	60 972,119	3760	0,015 41	5,979	0,1101		40
	50	708,911	0,8382	61 281,199	3647	0,015 41	6,086	0,1101		50
59	0	704,661	0,8385	61 590,279	3533	0,015 40	6,194	0,1101	59	0
	10	700,411	0,8388	61 899,360	3420	0,015 40	6,301	0,1101		10
	20	696,161	0,8391	62 208,440	3307	0,015 40	6,409	0,1101		20
	30	691,910	0,8393	62 517,521	3194	0,015 39	6,516	0,1100		30
	40	687,660	0,8396	62 826,602	3080	0,015 39	6,624	0,1100		40
	50	683,409	0,8399	63 135,683	2967	0,015 38	6,731	0,1100		50
60	0	679,158	0,8402	63 444,764	2854	0,015 38	6,839	0,1100	60	0
		+ 68	–	+ 57	+ 472,	+	+ 283	+		
'	"	4,251	3	309,081	113	0	0,108	0	'	"

$r_3 = - 0,000\ 17$

52°

'	"	4,251	2	309,081	114	0	0,107	0	'	"
		r_1	r_2	h_0	h_1	h_2	n_1	n_2		
		+ 68	–	+ 57	♠+ 472,	+	+ 283	+		
0	0	679,158	0,8402	63 444,764	♠2854	0,015 38	6,839	0,1100	0	0
	10	674,907	0,8404	63 753,845	♠2740	0,015 38	6,946	0,1100		10
	20	670,656	0,8407	64 062,927	♠2627	0,015 37	7,054	0,1100		20
	30	666,405	0,8410	64 372,009	♠2513	0,015 37	7,161	0,1100		30
	40	662,154	0,8413	64 681,090	♠2399	0,015 37	7,268	0,1100		40
	50	657,902	0,8415	64 990,172	♠2286	0,015 36	7,376	0,1100		50
1	0	653,650	0,8418	65 299,254	♠2172	0,015 36	7,483	0,1100	1	0
	10	649,398	0,8421	65 608,336	♠2058	0,015 35	7,591	0,1100		10
	20	645,146	0,8424	65 917,419	♠1945	0,015 35	7,698	0,1099		20
	30	640,894	0,8427	66 226,501	♠1831	0,015 35	7,806	0,1099		30
	40	636,641	0,8429	66 535,584	♠1717	0,015 34	7,913	0,1099		40
	50	632,389	0,8432	66 844,667	♠1603	0,015 34	8,020	0,1099		50
2	0	628,136	0,8435	67 153,750	♠1489	0,015 34	8,128	0,1099	2	0
	10	623,883	0,8438	67 462,833	♠1375	0,015 33	8,235	0,1099		10
	20	619,630	0,8440	67 771,916	♠1261	0,015 33	8,342	0,1099		20
	30	615,376	0,8443	68 080,999	♠1147	0,015 32	8,450	0,1099		30
	40	611,123	0,8446	68 390,083	♠1033	0,015 32	8,557	0,1099		40
	50	606,869	0,8449	68 699,166	♠0919	0,015 32	8,664	0,1099		50
3	0	602,616	0,8451	69 008,250	♠0805	0,015 31	8,772	0,1098	3	0
	10	598,362	0,8454	69 317,334	♠0690	0,015 31	8,879	0,1098		10
	20	594,108	0,8457	69 626,418	♠0576	0,015 31	8,986	0,1098		20
	30	589,853	0,8460	69 935,502	♠0462	0,015 30	9,094	0,1098		30
	40	585,599	0,8462	70 244,587	♠0347	0,015 30	9,201	0,1098		40
	50	581,344	0,8465	70 553,671	♠0233	0,015 29	9,308	0,1098		50
4	0	577,090	0,8468	70 862,756	♠0118	0,015 29	9,416	0,1098	4	0
	10	572,835	0,8471	71 171,841	♠0004	0,015 29	9,523	0,1098		10
	20	568,580	0,8473	71 480,926	9889	0,015 28	9,630	0,1098		20
	30	564,324	0,8476	71 790,011	9775	0,015 28	9,738	0,1098		30
	40	560,069	0,8479	72 099,096	9660	0,015 28	9,845	0,1098		40
	50	555,813	0,8482	72 408,182	9545	0,015 27	9,952	0,1097		50
5	0	551,558	0,8484	72 717,267	9431	0,015 27	♠0,059	0,1097	5	0
	10	547,302	0,8487	73 026,353	9316	0,015 26	♠0,167	0,1097		10
	20	543,046	0,8490	73 335,439	9201	0,015 26	♠0,274	0,1097		20
	30	538,790	0,8493	73 644,525	9086	0,015 25	♠0,381	0,1097		30
	40	534,533	0,8495	73 953,611	8971	0,015 25	♠0,488	0,1097		40
	50	530,277	0,8498	74 262,697	8856	0,015 25	♠0,595	0,1097		50
6	0	526,020	0,8501	74 571,784	8741	0,015 25	♠0,703	0,1097	6	0
	10	521,763	0,8504	74 880,870	8626	0,015 24	♠0,810	0,1097		10
	20	517,506	0,8506	75 189,957	8511	0,015 24	♠0,917	0,1097		20
	30	513,249	0,8509	75 499,044	8396	0,015 23	♠1,024	0,1096		30
	40	508,992	0,8512	75 808,131	8281	0,015 23	♠1,132	0,1096		40
	50	504,734	0,8515	76 117,218	8166	0,015 23	♠1,239	0,1096		50
7	0	500,476	0,8517	76 426,305	8050	0,015 22	♠1,346	0,1096	7	0
	10	496,219	0,8520	76 735,393	7935	0,015 22	♠1,453	0,1096		10
	20	491,961	0,8523	77 044,480	7820	0,015 22	♠1,560	0,1096		20
	30	487,702	0,8526	77 353,568	7704	0,015 21	♠1,667	0,1096		30
	40	483,444	0,8528	77 662,656	7589	0,015 21	♠1,775	0,1096		40
	50	479,186	0,8531	77 971,744	7473	0,015 20	♠1,882	0,1096		50
8	0	474,927	0,8534	78 280,832	7358	0,015 20	♠1,989	0,1096	8	0
	10	470,668	0,8537	78 589,921	7242	0,015 20	♠2,096	0,1095		10
	20	466,409	0,8539	78 899,009	7126	0,015 19	♠2,203	0,1095		20
	30	462,150	0,8542	79 208,098	7011	0,015 19	♠2,310	0,1095		30
	40	457,891	0,8545	79 517,187	6895	0,015 18	♠2,417	0,1095		40
	50	453,631	0,8548	79 826,275	6779	0,015 18	♠2,524	0,1095		50
9	0	449,372	0,8550	80 135,365	6664	0,015 18	♠2,631	0,1095	9	0
	10	445,112	0,8553	80 444,454	6548	0,015 17	♠2,739	0,1095		10
	20	440,852	0,8556	80 753,543	6432	0,015 17	♠2,846	0,1095		20
	30	436,592	0,8559	81 062,633	6316	0,015 17	♠2,953	0,1095		30
	40	432,332	0,8561	81 371,722	6200	0,015 16	♠3,060	0,1095		40
	50	428,071	0,8564	81 680,812	6084	0,015 16	♠3,167	0,1095		50
10	0	423,811	0,8567	81 989,902	5968	0,015 15	♠3,274	0,1094	10	0
		+ 68	–	+ 57	+ 471,	+	♠+ 284	+		
'	"	4,260	3	309,090	116	1	0,107	1	'	"

$r_3 = -0,000\ 17$

52°

'	"	4,261	3	309,090	116	0	0,107	0	'	"
		r_1	r_2	h_o	h_1	h_2	n_1	n_2		
		+ 68	–	+ 57	+ 471,	+	+ 284	+		
10	0	423,811	0,8567	81 989,902	5968	0,015 15	3,274	0,1094	10	0
	10	419,550	0,8570	82 298,992	5852	0,015 15	3,381	0,1094		10
	20	415,289	0,8572	82 608,082	5735	0,015 15	3,488	0,1094		20
	30	411,028	0,8575	82 917,173	5619	0,015 14	3,595	0,1094		30
	40	406,767	0,8578	83 226,263	5503	0,015 14	3,702	0,1094		40
	50	402,505	0,8581	83 535,354	5387	0,015 14	3,809	0,1094		50
11	0	398,244	0,8583	83 844,445	5270	0,015 13	3,916	0,1094	11	0
	10	393,982	0,8586	84 153,536	5154	0,015 13	4,023	0,1094		10
	20	389,720	0,8589	84 462,627	5038	0,015 12	4,130	0,1094		20
	30	385,458	0,8591	84 771,718	4921	0,015 12	4,237	0,1094		30
	40	381,196	0,8594	85 080,810	4805	0,015 12	4,344	0,1093		40
	50	376,933	0,8597	85 389,901	4688	0,015 11	4,451	0,1093		50
12	0	372,671	0,8600	85 698,993	4571	0,015 11	4,558	0,1093	12	0
	10	368,408	0,8602	86 008,085	4455	0,015 11	4,665	0,1093		10
	20	364,145	0,8605	86 317,177	4338	0,015 10	4,772	0,1093		20
	30	359,882	0,8608	86 626,269	4221	0,015 10	4,879	0,1093		30
	40	355,619	0,8611	86 935,361	4105	0,015 09	4,986	0,1093		40
	50	351,356	0,8613	87 244,454	3988	0,015 09	5,093	0,1093		50
13	0	347,092	0,8616	87 553,546	3871	0,015 09	5,200	0,1093	13	0
	10	342,828	0,8619	87 862,639	3754	0,015 08	5,307	0,1093		10
	20	338,565	0,8621	88 171,732	3637	0,015 08	5,414	0,1093		20
	30	334,301	0,8624	88 480,825	3520	0,015 08	5,521	0,1092		30
	40	330,036	0,8627	88 789,918	3403	0,015 07	5,627	0,1092		40
	50	325,772	0,8630	89 099,011	3286	0,015 07	5,734	0,1092		50
14	0	321,508	0,8632	89 408,105	3169	0,015 06	5,841	0,1092	14	0
	10	317,243	0,8635	89 717,198	3051	0,015 06	5,948	0,1092		10
	20	312,978	0,8638	90 026,292	2934	0,015 06	6,055	0,1092		20
	30	308,713	0,8641	90 335,386	2817	0,015 05	6,162	0,1092		30
	40	304,448	0,8643	90 644,480	2700	0,015 05	6,269	0,1092		40
	50	300,183	0,8646	90 953,574	2582	0,015 05	6,376	0,1092		50
15	0	295,917	0,8649	91 262,669	2465	0,015 04	6,482	0,1092	15	0
	10	291,652	0,8651	91 571,763	2347	0,015 04	6,589	0,1091		10
	20	287,386	0,8654	91 880,858	2230	0,015 03	6,696	0,1091		20
	30	283,120	0,8657	92 189,953	2112	0,015 03	6,803	0,1091		30
	40	278,854	0,8660	92 499,047	1995	0,015 03	6,910	0,1091		40
	50	274,588	0,8662	92 808,143	1877	0,015 02	7,017	0,1091		50
16	0	270,321	0,8665	93 117,238	1760	0,015 02	7,123	0,1091	16	0
	10	266,054	0,8668	93 426,333	1642	0,015 02	7,230	0,1091		10
	20	261,788	0,8671	93 735,429	1524	0,015 01	7,337	0,1091		20
	30	257,521	0,8673	94 044,524	1406	0,015 01	7,444	0,1091		30
	40	253,254	0,8676	94 353,620	1288	0,015 00	7,551	0,1091		40
	50	248,986	0,8679	94 662,716	1170	0,015 00	7,657	0,1090		50
17	0	244,719	0,8681	94 971,812	1053	0,015 00	7,764	0,1090	17	0
	10	240,452	0,8684	95 280,908	0935	0,014 99	7,871	0,1090		10
	20	236,184	0,8687	95 590,005	0817	0,014 99	7,978	0,1090		20
	30	231,916	0,8690	95 899,101	0698	0,014 98	8,084	0,1090		30
	40	227,648	0,8692	96 208,198	0580	0,014 98	8,191	0,1090		40
	50	223,380	0,8695	96 517,295	0462	0,014 98	8,298	0,1090		50
18	0	219,111	0,8698	96 826,392	0344	0,014 97	8,405	0,1090	18	0
	10	214,843	0,8700	97 135,489	0226	0,014 97	8,511	0,1090		10
	20	210,574	0,8703	97 444,586	0107	0,014 97	8,618	0,1090		20
	30	206,305	0,8706	97 753,684	♠9989	0,014 96	8,725	0,1089		30
	40	202,036	0,8709	98 062,781	♠9871	0,014 96	8,832	0,1089		40
	50	197,767	0,8711	98 371,879	♠9752	0,014 95	8,938	0,1089		50
19	0	193,498	0,8714	98 680,977	♠9634	0,014 95	9,045	0,1089	19	0
	10	189,228	0,8717	98 990,075	♠9515	0,014 95	9,152	0,1089		10
	20	184,958	0,8719	99 299,173	♠9397	0,014 94	9,258	0,1089		20
	30	180,688	0,8722	99 608,271	♠9278	0,014 94	9,365	0,1089		30
	40	176,418	0,8725	99 917,370	♠9160	0,014 94	9,472	0,1089		40
	50	172,148	0,8727	♠00 226,468	♠9041	0,014 93	9,578	0,1089		50
20	0	167,878	0,8730	♠00 535,567	♠8922	0,014 93	9,685	0,1089	20	0
		+ 68	–	♠+ 58	♠+ 470,	+	+ 284	+		
'	"	4,270	3	309,099	119	0	0,107	0	'	"

$r_3 = -0{,}000\,17$

52°

'	"	4,270	3	309,099	119	1	0,107	0	'	"
		r_1	r_2	h_0	h_1	h_2	n_1	n_2		
		+ 68	–	+ 58	+ 470,	+	*+ 284	+		
20	0	167,878	0,8730	00 535,567	8922	0,014 93	*9,685	0,1089	20	0
	10	163,608	0,8733	00 844,666	8803	0,014 92	*9,792	0,1089		10
	20	159,337	0,8736	01 153,765	8684	0,014 92	*9,898	0,1088		20
	30	155,066	0,8738	01 462,864	8566	0,014 92	0,005	0,1088		30
	40	150,795	0,8741	01 771,963	8447	0,014 91	0,112	0,1088		40
	50	146,524	0,8744	02 081,063	8328	0,014 91	0,218	0,1088		50
21	0	142,253	0,8746	02 390,162	8209	0,014 91	0,325	0,1088	21	0
	10	137,981	0,8749	02 699,262	8090	0,014 90	0,431	0,1088		10
	20	133,710	0,8752	03 008,362	7971	0,014 90	0,538	0,1088		20
	30	129,438	0,8755	03 317,462	7851	0,014 89	0,645	0,1088		30
	40	125,166	0,8757	03 626,562	7732	0,014 89	0,751	0,1088		40
	50	120,894	0,8760	03 935,663	7613	0,014 89	0,858	0,1088		50
22	0	116,622	0,8763	04 244,763	7494	0,014 88	0,964	0,1087	22	0
	10	112,349	0,8765	04 553,864	7374	0,014 88	1,071	0,1087		10
	20	108,076	0,8768	04 862,964	7255	0,014 88	1,177	0,1087		20
	30	103,804	0,8771	05 172,065	7136	0,014 87	1,284	0,1087		30
	40	099,531	0,8773	05 481,166	7016	0,014 87	1,391	0,1087		40
	50	095,258	0,8776	05 790,268	6897	0,014 86	1,497	0,1087		50
23	0	090,985	0,8779	06 099,369	6777	0,014 86	1,604	0,1087	23	0
	10	086,711	0,8782	06 408,471	6658	0,014 86	1,710	0,1087		10
	20	082,438	0,8784	06 717,572	6538	0,014 85	1,817	0,1087		20
	30	078,164	0,8787	07 026,674	6418	0,014 85	1,923	0,1087		30
	40	073,890	0,8790	07 335,776	6299	0,014 85	2,030	0,1086		40
	50	069,616	0,8792	07 644,878	6179	0,014 84	2,136	0,1086		50
24	0	065,342	0,8795	07 953,980	6059	0,014 84	2,243	0,1086	24	0
	10	061,067	0,8798	08 263,083	5939	0,014 83	2,349	0,1086		10
	20	056,793	0,8800	08 572,185	5819	0,014 83	2,456	0,1086		20
	30	052,518	0,8803	08 881,288	5699	0,014 83	2,562	0,1086		30
	40	048,243	0,8806	09 190,391	5579	0,014 82	2,669	0,1086		40
	50	043,968	0,8809	09 499,494	5459	0,014 82	2,775	0,1086		50
25	0	039,693	0,8811	09 808,597	5339	0,014 82	2,882	0,1086	25	0
	10	035,418	0,8814	10 117,700	5219	0,014 81	2,988	0,1086		10
	20	031,142	0,8817	10 426,803	5099	0,014 81	3,094	0,1086		20
	30	026,867	0,8819	10 735,907	4979	0,014 80	3,201	0,1085		30
	40	022,591	0,8822	11 045,011	4859	0,014 80	3,307	0,1085		40
	50	018,315	0,8825	11 354,114	4738	0,014 80	3,414	0,1085		50
26	0	014,039	0,8827	11 663,218	4618	0,014 79	3,520	0,1085	26	0
	10	009,762	0,8830	11 972,323	4498	0,014 79	3,627	0,1085		10
	20	005,486	0,8833	12 281,427	4377	0,014 79	3,733	0,1085		20
	30	001,209	0,8835	12 590,531	4257	0,014 78	3,839	0,1085		30
	40	*996,932	0,8838	12 899,636	4136	0,014 78	3,946	0,1085		40
	50	*992,656	0,8841	13 208,741	4016	0,014 77	4,052	0,1085		50
27	0	*988,378	0,8843	13 517,845	3895	0,014 77	4,158	0,1085	27	0
	10	*984,101	0,8846	13 826,950	3775	0,014 77	4,265	0,1084		10
	20	*979,824	0,8849	14 136,056	3654	0,014 76	4,371	0,1084		20
	30	*975,546	0,8852	14 445,161	3533	0,014 76	4,478	0,1084		30
	40	*971,268	0,8854	14 754,266	3412	0,014 76	4,584	0,1084		40
	50	*966,990	0,8857	15 063,372	3292	0,014 75	4,690	0,1084		50
28	0	*962,712	0,8860	15 372,478	3171	0,014 75	4,797	0,1084	28	0
	10	*958,434	0,8862	15 681,584	3050	0,014 74	4,903	0,1084		10
	20	*954,156	0,8865	15 990,690	2929	0,014 74	5,009	0,1084		20
	30	*949,877	0,8868	16 299,796	2808	0,014 74	5,115	0,1084		30
	40	*945,598	0,8870	16 608,902	2687	0,014 73	5,222	0,1084		40
	50	*941,319	0,8873	16 918,009	2566	0,014 73	5,328	0,1083		50
29	0	*937,040	0,8876	17 227,115	2445	0,014 73	5,434	0,1083	29	0
	10	*932,761	0,8878	17 536,222	2323	0,014 72	5,541	0,1083		10
	20	*928,482	0,8881	17 845,329	2202	0,014 72	5,647	0,1083		20
	30	*924,202	0,8884	18 154,436	2081	0,014 71	5,753	0,1083		30
	40	*919,923	0,8886	18 463,543	1960	0,014 71	5,860	0,1083		40
	50	*915,643	0,8889	18 772,650	1838	0,014 71	5,966	0,1083		50
30	0	*911,363	0,8892	19 081,758	1717	0,014 70	6,072	0,1083	30	0
		*+ 67	–	+ 58	+ 470,	+	+ 285	+		
'	"	4,280	3	309,108	121	1	0,106	0	'	"

$r_3 = -0{,}000\ 17$

52°

'	"	r_1	r_2	h_0	h_1	h_2	n_1	n_2	'	"
		4,280	2	309,108	122	0	0,106	0		
		+ 67	–	+ 58	♠+ 470,	+	+ 285	+		
30	0	911,363	0,8892	19 081,758	♠1717	0,014 70	6,072	0,1083	30	0
	10	907,083	0,8894	19 390,866	♠1595	0,014 70	6,178	0,1083		10
	20	902,802	0,8897	19 699,973	♠1474	0,014 70	6,285	0,1083		20
	30	898,522	0,8900	20 009,081	♠1352	0,014 69	6,391	0,1082		30
	40	894,241	0,8902	20 318,189	♠1231	0,014 69	6,497	0,1082		40
	50	889,960	0,8905	20 627,298	♠1109	0,014 68	6,603	0,1082		50
31	0	885,679	0,8908	20 936,406	♠0988	0,014 68	6,709	0,1082	31	0
	10	881,398	0,8910	21 245,515	♠0866	0,014 68	6,816	0,1082		10
	20	877,117	0,8913	21 554,623	♠0744	0,014 67	6,922	0,1082		20
	30	872,835	0,8916	21 863,732	♠0622	0,014 67	7,028	0,1082		30
	40	868,554	0,8918	22 172,841	♠0500	0,014 67	7,134	0,1082		40
	50	864,272	0,8921	22 481,950	♠0379	0,014 66	7,240	0,1082		50
32	0	859,990	0,8924	22 791,059	♠0257	0,014 66	7,347	0,1082	32	0
	10	855,708	0,8926	23 100,169	♠0135	0,014 65	7,453	0,1082		10
	20	851,426	0,8929	23 409,278	♠0013	0,014 65	7,559	0,1081		20
	30	847,143	0,8932	23 718,388	9891	0,014 65	7,665	0,1081		30
	40	842,861	0,8934	24 027,498	9769	0,014 64	7,771	0,1081		40
	50	838,578	0,8937	24 336,608	9646	0,014 64	7,877	0,1081		50
33	0	834,295	0,8940	24 645,718	9524	0,014 64	7,983	0,1081	33	0
	10	830,012	0,8943	24 954,828	9402	0,014 63	8,090	0,1081		10
	20	825,729	0,8945	25 263,938	9280	0,014 63	8,196	0,1081		20
	30	821,445	0,8948	25 573,049	9157	0,014 62	8,302	0,1081		30
	40	817,162	0,8951	25 882,160	9035	0,014 62	8,408	0,1081		40
	50	812,878	0,8953	26 191,271	8913	0,014 62	8,514	0,1081		50
34	0	808,594	0,8956	26 500,382	8790	0,014 61	8,620	0,1080	34	0
	10	804,310	0,8958	26 809,493	8668	0,014 61	8,726	0,1080		10
	20	800,026	0,8961	27 118,604	8545	0,014 61	8,832	0,1080		20
	30	795,741	0,8964	27 427,715	8423	0,014 60	8,938	0,1080		30
	40	791,457	0,8966	27 736,827	8300	0,014 60	9,044	0,1080		40
	50	787,172	0,8969	28 045,939	8177	0,014 59	9,150	0,1080		50
35	0	782,887	0,8972	28 355,051	8054	0,014 59	9,256	0,1080	35	0
	10	778,602	0,8974	28 664,163	7932	0,014 59	9,363	0,1080		10
	20	774,317	0,8977	28 973,275	7809	0,014 58	9,469	0,1080		20
	30	770,032	0,8980	29 282,387	7686	0,014 58	9,575	0,1080		30
	40	765,746	0,8982	29 591,500	7563	0,014 58	9,681	0,1079		40
	50	761,461	0,8985	29 900,612	7440	0,014 57	9,787	0,1079		50
36	0	757,175	0,8988	30 209,725	7317	0,014 57	9,893	0,1079	36	0
	10	752,889	0,8990	30 518,838	7194	0,014 56	9,999	0,1079		10
	20	748,603	0,8993	30 827,951	7071	0,014 56	♠0,105	0,1079		20
	30	744,316	0,8996	31 137,064	6948	0,014 56	♠0,211	0,1079		30
	40	740,030	0,8998	31 446,177	6825	0,014 55	♠0,317	0,1079		40
	50	735,743	0,9001	31 755,291	6702	0,014 55	♠0,423	0,1079		50
37	0	731,457	0,9004	32 064,404	6578	0,014 55	♠0,529	0,1079	37	0
	10	727,170	0,9006	32 373,518	6455	0,014 54	♠0,635	0,1079		10
	20	722,883	0,9009	32 682,632	6332	0,014 54	♠0,740	0,1078		20
	30	718,595	0,9012	32 991,746	6208	0,014 53	♠0,846	0,1078		30
	40	714,308	0,9014	33 300,860	6085	0,014 53	♠0,952	0,1078		40
	50	710,020	0,9017	33 609,975	5961	0,014 53	♠1,058	0,1078		50
38	0	705,733	0,9020	33 919,089	5838	0,014 52	♠1,164	0,1078	38	0
	10	701,445	0,9022	34 228,204	5714	0,014 52	♠1,270	0,1078		10
	20	697,157	0,9025	34 537,319	5591	0,014 52	♠1,376	0,1078		20
	30	692,868	0,9028	34 846,434	5467	0,014 51	♠1,482	0,1078		30
	40	688,580	0,9030	35 155,549	5343	0,014 51	♠1,588	0,1078		40
	50	684,291	0,9033	35 464,664	5220	0,014 50	♠1,694	0,1078		50
39	0	680,003	0,9036	35 773,779	5096	0,014 50	♠1,800	0,1078	39	0
	10	675,714	0,9038	36 082,895	4972	0,014 50	♠1,906	0,1077		10
	20	671,425	0,9041	36 392,010	4848	0,014 49	♠2,011	0,1077		20
	30	667,136	0,9043	36 701,126	4724	0,014 49	♠2,117	0,1077		30
	40	662,846	0,9046	37 010,242	4600	0,014 48	♠2,223	0,1077		40
	50	658,557	0,9049	37 319,358	4476	0,014 48	♠2,329	0,1077		50
40	0	654,267	0,9051	37 628,474	4352	0,014 48	♠2,435	0,1077	40	0
		+ 67	–	+ 58	+ 469,	+	♠+ 286	+		
'	"	4,290	2	309,116	124	0	0,106	0	'	"

$r_3 = -\ 0,000\ 16$

52°

'	"	4,290	3	309,117	124	1	0,106	0	'	"
		r_1	r_2	h_0	h_1	h_2	n_1	n_2		
		+ 67	−	+ 58	+ 469,	+	+ 286	+		
40	0	654,267	0,9051	37 628,474	4352	0,014 48	2,435	0,1077	40	0
	10	649,977	0,9054	37 937,591	4228	0,014 47	2,541	0,1077		10
	20	645,687	0,9057	38 246,707	4104	0,014 47	2,647	0,1077		20
	30	641,397	0,9059	38 555,824	3980	0,014 47	2,752	0,1077		30
	40	637,107	0,9062	38 864,941	3856	0,014 46	2,858	0,1077		40
	50	632,816	0,9065	39 174,058	3731	0,014 46	2,964	0,1076		50
41	0	628,526	0,9067	39 483,175	3607	0,014 45	3,070	0,1076	41	0
	10	624,235	0,9070	39 792,292	3483	0,014 45	3,176	0,1076		10
	20	619,944	0,9073	40 101,410	3358	0,014 45	3,281	0,1076		20
	30	615,653	0,9075	40 410,527	3234	0,014 44	3,387	0,1076		30
	40	611,361	0,9078	40 719,645	3109	0,014 44	3,493	0,1076		40
	50	607,070	0,9080	41 028,763	2985	0,014 44	3,599	0,1076		50
42	0	602,778	0,9083	41 337,881	2860	0,014 43	3,705	0,1076	42	0
	10	598,487	0,9086	41 646,999	2736	0,014 43	3,810	0,1076		10
	20	594,195	0,9088	41 956,117	2611	0,014 42	3,916	0,1076		20
	30	589,903	0,9091	42 265,236	2486	0,014 42	4,022	0,1075		30
	40	585,610	0,9094	42 574,354	2362	0,014 42	4,128	0,1075		40
	50	581,318	0,9096	42 883,473	2237	0,014 41	4,233	0,1075		50
43	0	577,025	0,9099	43 192,592	2112	0,014 41	4,339	0,1075	43	0
	10	572,733	0,9102	43 501,711	1987	0,014 41	4,445	0,1075		10
	20	568,440	0,9104	43 810,830	1862	0,014 40	4,550	0,1075		20
	30	564,147	0,9107	44 119,949	1737	0,014 40	4,656	0,1075		30
	40	559,854	0,9110	44 429,069	1612	0,014 40	4,762	0,1075		40
	50	555,560	0,9112	44 738,188	1487	0,014 39	4,868	0,1075		50
44	0	551,267	0,9115	45 047,308	1362	0,014 39	4,973	0,1075	44	0
	10	546,973	0,9117	45 356,428	1237	0,014 38	5,079	0,1074		10
	20	542,679	0,9120	45 665,548	1112	0,014 38	5,185	0,1074		20
	30	538,385	0,9123	45 974,668	0986	0,014 38	5,290	0,1074		30
	40	534,091	0,9125	46 283,788	0861	0,014 37	5,396	0,1074		40
	50	529,797	0,9128	46 592,909	0736	0,014 37	5,502	0,1074		50
45	0	525,50[illegible]	0,9131	46 902,029	0610	0,014 37	5,607	0,1074	45	0
	10	521,208	0,9133	47 211,150	0485	0,014 36	5,713	0,1074		10
	20	516,913	0,9136	47 520,271	0359	0,014 36	5,818	0,1074		20
	30	512,618	0,9138	47 829,392	0234	0,014 35	5,924	0,1074		30
	40	508,323	0,9141	48 138,513	0108	0,014 35	6,030	0,1074		40
	50	504,027	0,9144	48 447,635	*9983	0,014 35	6,135	0,1073		50
46	0	499,732	0,9146	48 756,756	*9857	0,014 34	6,241	0,1073	46	0
	10	495,436	0,9149	49 065,878	*9731	0,014 34	6,347	0,1073		10
	20	491,140	0,9152	49 375,000	*9606	0,014 34	6,452	0,1073		20
	30	486,845	0,9154	49 684,122	*9480	0,014 33	6,558	0,1073		30
	40	482,548	0,9157	49 993,244	*9354	0,014 33	6,663	0,1073		40
	50	478,252	0,9159	50 302,366	*9228	0,014 32	6,769	0,1073		50
47	0	473,956	0,9162	50 611,488	*9102	0,014 32	6,874	0,1073	47	0
	10	469,659	0,9165	50 920,611	*8976	0,014 32	6,980	0,1073		10
	20	465,362	0,9167	51 229,733	*8850	0,014 31	7,086	0,1073		20
	30	461,066	0,9170	51 538,856	*8724	0,014 31	7,191	0,1072		30
	40	456,769	0,9173	51 847,979	*8598	0,014 31	7,297	0,1072		40
	50	452,471	0,9175	52 157,102	*8472	0,014 30	7,402	0,1072		50
48	0	448,174	0,9178	52 466,225	*8346	0,014 30	7,508	0,1072	48	0
	10	443,876	0,9180	52 775,349	*8220	0,014 29	7,613	0,1072		10
	20	439,579	0,9183	53 084,472	*8094	0,014 29	7,719	0,1072		20
	30	435,281	0,9186	53 393,596	*7967	0,014 29	7,824	0,1072		30
	40	430,983	0,9188	53 702,720	*7841	0,014 28	7,930	0,1072		40
	50	426,685	0,9191	54 011,844	*7715	0,014 28	8,035	0,1072		50
49	0	422,386	0,9194	54 320,968	*7588	0,014 28	8,141	0,1072	49	0
	10	418,088	0,9196	54 630,092	*7462	0,014 27	8,246	0,1072		10
	20	413,789	0,9199	54 939,217	*7335	0,014 27	8,352	0,1071		20
	30	409,490	0,9201	55 248,341	*7209	0,014 26	8,457	0,1071		30
	40	405,191	0,9204	55 557,466	*7082	0,014 26	8,563	0,1071		40
	50	400,892	0,9207	55 866,591	*6955	0,014 26	8,668	0,1071		50
50	0	396,593	0,9209	56 175,716	*6829	0,014 25	8,773	0,1071	50	0
		+ 67	−	+ 58	*+ 468,	+	+ 286	+		
'	"	4,299	2	309,125	126	1	0,105	0	'	"

$r_3 = -0,000\,16$

52°

'	"	r_1	r_2	h_0	h_1	h_2	n_1	n_2	'	"
		4,299	3	309,125	127	0	0,106	0		
		+ 67	–	+ 58	+ 468,	+	▲+ 286	+		
50	0	396,593	0,9209	56 175,716	6829	0,014 25	▲8,773	0,1071	50	0
	10	392,294	0,9212	56 484,841	6702	0,014 25	▲8,879	0,1071		10
	20	387,994	0,9214	56 793,966	6575	0,014 25	▲8,984	0,1071		20
	30	383,694	0,9217	57 103,091	6448	0,014 24	▲9,090	0,1071		30
	40	379,394	0,9220	57 412,217	6321	0,014 24	▲9,195	0,1071		40
	50	375,094	0,9222	57 721,343	6194	0,014 23	▲9,301	0,1071		50
51	0	370,794	0,9225	58 030,468	6068	0,014 23	▲9,406	0,1070	51	0
	10	366,493	0,9228	58 339,594	5941	0,014 23	▲9,511	0,1070		10
	20	362,193	0,9230	58 648,721	5813	0,014 22	▲9,617	0,1070		20
	30	357,892	0,9233	58 957,847	5686	0,014 22	▲9,722	0,1070		30
	40	353,591	0,9235	59 266,973	5559	0,014 22	▲9,828	0,1070		40
	50	349,290	0,9238	59 576,100	5432	0,014 21	▲9,933	0,1070		50
52	0	344,989	0,9241	59 885,227	5305	0,014 21	0,038	0,1070	52	0
	10	340,688	0,9243	60 194,354	5178	0,014 20	0,144	0,1070		10
	20	336,386	0,9246	60 503,481	5050	0,014 20	0,249	0,1070		20
	30	332,084	0,9248	60 812,608	4923	0,014 20	0,354	0,1070		30
	40	327,783	0,9251	61 121,735	4795	0,014 19	0,460	0,1069		40
	50	323,480	0,9254	61 430,862	4668	0,014 19	0,565	0,1069		50
53	0	319,178	0,9256	61 739,990	4541	0,014 19	0,670	0,1069	53	0
	10	314,876	0,9259	62 049,118	4413	0,014 18	0,776	0,1069		10
	20	310,573	0,9261	62 358,246	4285	0,014 18	0,881	0,1069		20
	30	306,271	0,9264	62 667,374	4158	0,014 17	0,986	0,1069		30
	40	301,968	0,9267	62 976,502	4030	0,014 17	1,092	0,1069		40
	50	297,665	0,9269	63 285,630	3902	0,014 17	1,197	0,1069		50
54	0	293,362	0,9272	63 594,759	3775	0,014 16	1,302	0,1069	54	0
	10	289,059	0,9274	63 903,887	3647	0,014 16	1,407	0,1069		10
	20	284,755	0,9277	64 213,016	3519	0,014 16	1,513	0,1068		20
	30	280,452	0,9280	64 522,145	3391	0,014 15	1,618	0,1068		30
	40	276,148	0,9282	64 831,274	3263	0,014 15	1,723	0,1068		40
	50	271,844	0,9285	65 140,403	3135	0,014 14	1,828	0,1068		50
55	0	267,540	0,9287	65 449,533	3007	0,014 14	1,934	0,1068	55	0
	10	263,236	0,9290	65 758,662	2879	0,014 14	2,039	0,1068		10
	20	258,931	0,9293	66 067,792	2751	0,014 13	2,144	0,1068		20
	30	254,627	0,9295	66 376,921	2623	0,014 13	2,249	0,1068		30
	40	250,322	0,9298	66 686,051	2495	0,014 13	2,355	0,1068		40
	50	246,017	0,9300	66 995,181	2366	0,014 12	2,460	0,1068		50
56	0	241,712	0,9303	67 304,312	2238	0,014 12	2,565	0,1067	56	0
	10	237,407	0,9306	67 613,442	2110	0,014 11	2,670	0,1067		10
	20	233,101	0,9308	67 922,573	1981	0,014 11	2,775	0,1067		20
	30	228,796	0,9311	68 231,703	1853	0,014 11	2,881	0,1067		30
	40	224,490	0,9313	68 540,834	1725	0,014 10	2,986	0,1067		40
	50	220,184	0,9316	68 849,965	1596	0,014 10	3,091	0,1067		50
57	0	215,878	0,9319	69 159,096	1468	0,014 10	3,196	0,1067	57	0
	10	211,572	0,9321	69 468,227	1339	0,014 09	3,301	0,1067		10
	20	207,266	0,9324	69 777,359	1210	0,014 09	3,406	0,1067		20
	30	202,959	0,9326	70 086,490	1082	0,014 08	3,512	0,1067		30
	40	198,653	0,9329	70 395,622	0953	0,014 08	3,617	0,1066		40
	50	194,346	0,9332	70 704,754	0824	0,014 08	3,722	0,1066		50
58	0	190,039	0,9334	71 013,886	0695	0,014 07	3,827	0,1066	58	0
	10	185,732	0,9337	71 323,018	0566	0,014 07	3,932	0,1066		10
	20	181,424	0,9339	71 632,150	0438	0,014 07	4,037	0,1066		20
	30	177,117	0,9342	71 941,282	0309	0,014 06	4,142	0,1066		30
	40	172,809	0,9345	72 250,415	0180	0,014 06	4,247	0,1066		40
	50	168,502	0,9347	72 559,548	0051	0,014 05	4,352	0,1066		50
59	0	164,194	0,9350	72 868,680	▲9921	0,014 05	4,457	0,1066	59	0
	10	159,886	0,9352	73 177,813	▲9792	0,014 05	4,563	0,1066		10
	20	155,577	0,9355	73 486,946	▲9663	0,014 04	4,668	0,1065		20
	30	151,269	0,9357	73 796,080	▲9534	0,014 04	4,773	0,1065		30
	40	146,960	0,9360	74 105,213	▲9405	0,014 04	4,878	0,1065		40
	50	142,652	0,9363	74 414,347	▲9275	0,014 03	4,983	0,1065		50
60	0	138,343	0,9365	74 723,480	▲9146	0,014 03	5,088	0,1065	60	0
		+ 67	–	+ 58	▲+ 467,	+	+ 287	+		
'	"	4,309	2	309,133	129	0	0,105	0	'	"

$r_3 = -0{,}000\ 16$

53°

'	"	4,309	3	309,134	129	1	0,105	0	'	"
		r_1	r_2	h_0	h_1	h_2	n_1	n_2		
		+ 67	–	+ 58	+ 467,	+	+ 287	+		
0	0	138,343	0,9365	74 723,480	9146	0,014 03	5,088	0,1065	0	0
	10	134,034	0,9368	75 032,614	9017	0,014 02	5,193	0,1065		10
	20	129,725	0,9370	75 341,748	8887	0,014 02	5,298	0,1065		20
	30	125,415	0,9373	75 650,882	8758	0,014 02	5,403	0,1065		30
	40	121,106	0,9376	75 960,017	8628	0,014 01	5,508	0,1065		40
	50	116,796	0,9378	76 269,151	8499	0,014 01	5,613	0,1065		50
1	0	112,486	0,9381	76 578,286	8369	0,014 01	5,718	0,1064	1	0
	10	108,176	0,9383	76 887,420	8239	0,014 00	5,823	0,1064		10
	20	103,866	0,9386	77 196,555	8110	0,014 00	5,928	0,1064		20
	30	099,556	0,9388	77 505,690	7980	0,013 99	6,033	0,1064		30
	40	095,245	0,9391	77 814,825	7850	0,013 99	6,138	0,1064		40
	50	090,935	0,9394	78 123,961	7720	0,013 99	6,243	0,1064		50
2	0	086,624	0,9396	78 433,096	7591	0,013 98	6,348	0,1064	2	0
	10	082,313	0,9399	78 742,232	7461	0,013 98	6,453	0,1064		10
	20	078,002	0,9401	79 051,368	7331	0,013 98	6,558	0,1064		20
	30	073,690	0,9404	79 360,503	7201	0,013 97	6,663	0,1064		30
	40	069,379	0,9406	79 669,639	7071	0,013 97	6,768	0,1063		40
	50	065,067	0,9409	79 978,776	6941	0,013 96	6,872	0,1063		50
3	0	060,756	0,9412	80 287,912	6810	0,013 96	6,977	0,1063	3	0
	10	056,444	0,9414	80 597,048	6680	0,013 96	7,082	0,1063		10
	20	052,132	0,9417	80 906,185	6550	0,013 95	7,187	0,1063		20
	30	047,819	0,9419	81 215,322	6420	0,013 95	7,292	0,1063		30
	40	043,507	0,9422	81 524,459	6289	0,013 95	7,397	0,1063		40
	50	039,195	0,9424	81 833,596	6159	0,013 94	7,502	0,1063		50
4	0	034,882	0,9427	82 142,733	6029	0,013 94	7,607	0,1063	4	0
	10	030,569	0,9430	82 451,870	5898	0,013 94	7,712	0,1063		10
	20	026,256	0,9432	82 761,008	5768	0,013 93	7,817	0,1063		20
	30	021,943	0,9435	83 070,145	5637	0,013 93	7,921	0,1062		30
	40	017,629	0,9437	83 379,283	5507	0,013 92	8,026	0,1062		40
	50	013,316	0,9440	83 688,421	5376	0,013 92	8,131	0,1062		50
5	0	009,002	0,9442	83 997,559	5245	0,013 92	8,236	0,1062	5	0
	10	004,688	0,9445	84 306,697	5115	0,013 91	8,341	0,1062		10
	20	000,374	0,9448	84 615,836	4984	0,013 91	8,446	0,1062		20
	30	*996,060	0,9450	84 924,974	4853	0,013 91	8,550	0,1062		30
	40	*991,746	0,9453	85 234,113	4722	0,013 90	8,655	0,1062		40
	50	*987,432	0,9455	85 543,252	4591	0,013 90	8,760	0,1062		50
6	0	*983,117	0,9458	85 852,390	4460	0,013 89	8,865	0,1062	6	0
	10	*978,802	0,9460	86 161,530	4329	0,013 89	8,970	0,1061		10
	20	*974,487	0,9463	86 470,669	4198	0,013 89	9,074	0,1061		20
	30	*970,172	0,9466	86 779,808	4067	0,013 88	9,179	0,1061		30
	40	*965,857	0,9468	87 088,948	3936	0,013 88	9,284	0,1061		40
	50	*961,542	0,9471	87 398,087	3805	0,013 88	9,389	0,1061		50
7	0	*957,226	0,9473	87 707,227	3674	0,013 87	9,493	0,1061	7	0
	10	*952,910	0,9476	88 016,367	3543	0,013 87	9,598	0,1061		10
	20	*948,594	0,9478	88 325,507	3411	0,013 86	9,703	0,1061		20
	30	*944,278	0,9481	88 634,647	3280	0,013 86	9,808	0,1061		30
	40	*939,962	0,9484	88 943,788	3149	0,013 86	9,912	0,1061		40
	50	*935,646	0,9486	89 252,928	3017	0,013 85	*0,017	0,1060		50
8	0	*931,329	0,9489	89 562,069	2886	0,013 85	*0,122	0,1060	8	0
	10	*927,013	0,9491	89 871,210	2754	0,013 85	*0,227	0,1060		10
	20	*922,696	0,9494	90 180,351	2623	0,013 84	*0,331	0,1060		20
	30	*918,379	0,9496	90 489,492	2491	0,013 84	*0,436	0,1060		30
	40	*914,062	0,9499	90 798,633	2360	0,013 83	*0,541	0,1060		40
	50	*909,744	0,9501	91 107,774	2228	0,013 83	*0,645	0,1060		50
9	0	*905,427	0,9504	91 416,916	2096	0,013 83	*0,750	0,1060	9	0
	10	*901,109	0,9507	91 726,058	1964	0,013 82	*0,855	0,1060		10
	20	*896,791	0,9509	92 035,199	1833	0,013 82	*0,959	0,1060		20
	30	*892,473	0,9512	92 344,341	1701	0,013 82	*1,064	0,1059		30
	40	*888,155	0,9514	92 653,484	1569	0,013 81	*1,169	0,1059		40
	50	*883,837	0,9517	92 962,626	1437	0,013 81	*1,273	0,1059		50
10	0	*879,519	0,9519	93 271,768	1305	0,013 80	*1,378	0,1059	10	0
		*+ 66	–	+ 58	+ 467,	+	*+ 288	+		
'	"	4,318	2	309,142	132	1	0,105	0	'	"

$r_3 = -0{,}000\ 16$

53°

		4,319	3	309,143	132	0	0,104	0		
'	"	r_1	r_2	h_0	h_1	h_2	n_1	n_2	'	"
		+ 66	–	^+ 58	^+ 467,	+	+ 288	+		
10	0	879,519	0,9519	^93 271,768	^1305	0,013 80	1,378	0,1059	10	0
	10	875,200	0,9522	^93 580,911	^1173	0,013 80	1,482	0,1059		10
	20	870,881	0,9524	^93 890,054	^1041	0,013 80	1,587	0,1059		20
	30	866,562	0,9527	^94 199,196	^0909	0,013 79	1,692	0,1059		30
	40	862,243	0,9529	^94 508,339	^0777	0,013 79	1,796	0,1059		40
	50	857,924	0,9532	^94 817,483	^0644	0,013 79	1,901	0,1059		50
11	0	853,605	0,9535	^95 126,626	^0512	0,013 78	2,006	0,1059	11	0
	10	849,285	0,9537	^95 435,769	^0380	0,013 78	2,110	0,1058		10
	20	844,965	0,9540	^95 744.913	^0248	0,013 77	2,215	0,1058		20
	30	840,646	0,9542	^96 054,057	^0115	0,013 77	2,319	0,1058		30
	40	836,326	0,9545	^96 363,200	9983	0,013 77	2,424	0,1058		40
	50	832,005	0,9547	^96 672,344	9850	0,013 76	2,528	0,1058		50
12	0	827,685	0,9550	^96 981,489	9718	0,013 76	2,633	0,1058	12	0
	10	823,365	0,9552	^97 290,633	9585	0,013 76	2,737	0,1058		10
	20	819,044	0,9555	^97 599,777	9453	0,013 75	2,842	0,1058		20
	30	814,723	0,9558	^97 908,922	9320	0,013 75	2,947	0,1058		30
	40	810,402	0,9560	^98 218,067	9187	0,013 75	3,051	0,1058		40
	50	806,081	0,9563	^98 527,211	9055	0,013 74	3,156	0,1057		50
13	0	801,760	0,9565	^98 836,356	8922	0,013 74	3,260	0,1057	13	0
	10	797,438	0,9568	^99 145,502	8789	0,013 73	3,365	0,1057		10
	20	793,117	0,9570	^99 454,647	8656	0,013 73	3,469	0,1057		20
	30	788,795	0,9573	^99 763,792	8523	0,013 73	3,574	0,1057		30
	40	784,473	0,9575	00 072,938	8390	0,013 72	3,678	0,1057		40
	50	780,151	0,9578	00 382,084	8257	0,013 72	3,783	0,1057		50
14	0	775,829	0,9580	00 691,230	8124	0,013 72	3,887	0,1057	14	0
	10	771,506	0,9583	01 000,376	7991	0,013 71	3,992	0,1057		10
	20	767,184	0,9585	01 309,522	7858	0,013 71	4,096	0,1057		20
	30	762,861	0,9588	01 618,668	7725	0,013 70	4,200	0,1056		30
	40	758,538	0,9591	01 927,815	7592	0,013 70	4,305	0,1056		40
	50	754,215	0,9593	02 236,961	7458	0,013 70	4,409	0,1056		50
15	0	749,892	0,9596	02 546,108	7325	0,013 69	4,514	0,1056	15	0
	10	745,568	0,9598	02 855,255	7192	0,013 69	4,618	0,1056		10
	20	741,245	0,9601	03 164,402	7058	0,013 69	4,723	0,1056		20
	30	736,921	0,9603	03 473,549	6925	0,013 68	4,827	0,1056		30
	40	732,597	0,9606	03 782,697	6791	0,013 68	4,931	0,1056		40
	50	728,274	0,9608	04 091,844	6658	0,013 67	5,036	0,1056		50
16	0	723,949	0,9611	04 400,992	6524	0,013 67	5,140	0,1056	16	0
	10	719,625	0,9613	04 710,139	6391	0,013 67	5,245	0,1055		10
	20	715,301	0,9616	05 019,287	6247	0,013 66	5,349	0,1055		20
	30	710,976	0,9618	05 328,435	6123	0,013 66	5,453	0,1055		30
	40	706,651	0,9621	05 637,584	5990	0,013 66	5,558	0,1055		40
	50	702,326	0,9623	05 946,732	5856	0,013 65	5,662	0,1055		50
17	0	698,001	0,9626	06 255,880	5722	0,013 65	5,766	0,1055	17	0
	10	693,676	0,9629	06 565,029	5588	0,013 64	5,871	0,1055		10
	20	689,351	0,9631	06 874,178	5454	0,013 64	5,975	0,1055		20
	30	685,025	0,9634	07 183,327	5320	0,013 64	6,079	0,1055		30
	40	680,699	0,9636	07 492,476	5186	0,013 63	6,184	0,1055		40
	50	676,373	0,9639	07 801,625	5052	0,013 63	6,288	0,1054		50
18	0	672,047	0,9641	08 110,774	4918	0,013 63	6,392	0,1054	18	0
	10	667,721	0,9644	08 419,924	4784	0,013 62	6,497	0,1054		10
	20	663,395	0,9646	08 729,074	4650	0,013 62	6,601	0,1054		20
	30	659,068	0,9649	09 038,223	4516	0,013 61	6,705	0,1054		30
	40	654,742	0,9651	09 347,373	4381	0,013 61	6,809	0,1054		40
	50	650,415	0,9654	09 656,524	4247	0,013 61	6,914	0,1054		50
19	0	646,088	0,9656	09 965,674	4113	0,013 60	7,018	0,1054	19	0
	10	641,761	0,9659	10 274,824	3978	0,013 60	7,122	0,1054		10
	20	637,433	0,9661	10 583,975	3844	0,013 60	7,227	0,1054		20
	30	633,106	0,9664	10 893,125	3709	0,013 59	7,331	0,1053		30
	40	628,778	0,9666	11 202,276	3575	0,013 59	7,435	0,1053		40
	50	624,450	0,9669	11 511,427	3440	0,013 59	7,539	0,1053		50
20	0	620,122	0,9671	11 820,578	3306	0,013 58	7,643	0,1053	20	0
		+ 66	–	+ 59	+ 466,	+	+ 288	+		
'	"	4,328	2	309,151	134	1	0,104	0	'	"

r_3 = – 0,000 16

53^{0}

'	"	4,328	3	309,151	135	0	0,105	0	'	"
		r_1	r_2	h_0	h_1	h_2	n_1	n_2		
		+ 66	−	+ 59	^+ 466,	+	^+ 288	+		
20	0	620,122	0,9671	11 820,578	^3306	0,013 58	^7,643	0,1053	20	0
	10	615,794	0,9674	12 129,729	^3171	0,013 58	^7,748	0,1053		10
	20	611,466	0,9677	12 438,881	^3036	0,013 57	^7,852	0,1053		20
	30	607,138	0,9679	12 748,032	^2901	0,013 57	^7,956	0,1053		30
	40	602,809	0,9682	13 057,184	^2767	0,013 57	^8,060	0,1053		40
	50	598,480	0,9684	13 366,336	^2632	0,013 56	^8,165	0,1053		50
21	0	594,151	0,9687	13 675,488	^2497	0,013 56	^8,269	0,1053	21	0
	10	589,822	0,9689	13 984,640	^2362	0,013 56	^8,373	0,1052		10
	20	585,493	0,9692	14 293,792	^2227	0,013 55	^8,477	0,1052		20
	30	581,164	0,9694	14 602,945	^2092	0,013 55	^8,581	0,1052		30
	40	576,834	0,9697	14 912,097	^1957	0,013 54	^8,685	0,1052		40
	50	572,505	0,9699	15 221,250	^1822	0,013 54	^8,790	0,1052		50
22	0	568,175	0,9702	15 530,403	^1687	0,013 54	^8,894	0,1052	22	0
	10	563,845	0,9704	15 839,556	^1551	0,013 53	^8,998	0,1052		10
	20	559,515	0,9707	16 148,709	^1416	0,013 53	^9,102	0,1052		20
	30	555,184	0,9709	16 457,862	^1281	0,013 53	^9,206	0,1052		30
	40	550,854	0,9712	16 767,016	^1146	0,013 52	^9,310	0,1052		40
	50	546,523	0,9714	17 076,169	^1010	0,013 52	^9,414	0,1051		50
23	0	542,192	0,9717	17 385,323	^0875	0,013 51	^9,518	0,1051	23	0
	10	537,862	0,9719	17 694,477	^0739	0,013 51	^9,623	0,1051		10
	20	533,530	0,9722	18 003,631	^0604	0,013 51	^9,727	0,1051		20
	30	529,199	0,9724	18 312,785	^0468	0,013 50	^9,831	0,1051		30
	40	524,868	0,9727	18 621,939	^0333	0,013 50	^9,935	0,1051		40
	50	520,536	0,9729	18 931,094	^0197	0,013 50	0,039	0,1051		50
24	0	516,204	0,9732	19 240,248	^0062	0,013 49	0,143	0,1051	24	0
	10	511,873	0,9734	19 549,403	9926	0,013 49	0,247	0,1051		10
	20	507,540	0,9737	19 858,558	9790	0,013 48	0,351	0,1051		20
	30	503,208	0,9739	20 167,713	9654	0,013 48	0,455	0,1050		30
	40	498,876	0,9742	20 476,868	9518	0,013 48	0,559	0,1050		40
	50	494,543	0,9744	20 786,023	9382	0,013 47	0,663	0,1050		50
25	0	490,211	0,9747	21 095,179	9247	0,013 47	0,767	0,1050	25	0
	10	485,878	0,9749	21 404,334	9111	0,013 47	0,871	0,1050		10
	20	481,545	0,9752	21 713,490	8975	0,013 46	0,975	0,1050		20
	30	477,212	0,9754	22 022,646	8838	0,013 46	1,079	0,1050		30
	40	472,878	0,9757	22 331,802	8702	0,013 46	1,183	0,1050		40
	50	468,545	0,9759	22 640,958	8566	0,013 45	1,287	0,1050		50
26	0	464,211	0,9762	22 950,114	8430	0,013 45	1,391	0,1050	26	0
	10	459,877	0,9764	23 259,271	8294	0,013 44	1,495	0,1049		10
	20	455,544	0,9767	23 568,427	8157	0,013 44	1,599	0,1049		20
	30	451,209	0,9769	23 877,584	8021	0,013 44	1,703	0,1049		30
	40	446,875	0,9772	24 186,741	7885	0,013 43	1,807	0,1049		40
	50	442,541	0,97 4	24 495,898	7748	0,013 43	1,911	0,1049		50
27	0	438,206	0,9777	24 805,055	7612	0,013 43	2,015	0,1049	27	0
	10	433,871	0,9779	25 114,213	7475	0,013 42	2,119	0,1049		10
	20	429,537	0,9782	25 423,370	7339	0,013 42	2,223	0,1049		20
	30	425,201	0,9784	25 732,528	7202	0,013 41	2,327	0,1049		30
	40	420,866	0,9787	26 041,686	7066	0,013 41	2,431	0,1049		40
	50	416,531	0,9789	26 350,843	6929	0,013 41	2,535	0,1048		50
28	0	412,195	0,9792	26 660,001	6792	0,013 40	2,638	0,1048	28	0
	10	407,860	0,9794	26 969,160	6655	0,013 40	2,742	0,1048		10
	20	403,524	0,9797	27 278,318	6519	0,013 40	2,846	0,1048		20
	30	399,188	0,9799	27 587,476	6382	0,013 39	2,950	0,1048		30
	40	394,852	0,9802	27 896,635	6245	0,013 39	3,054	0,1048		40
	50	390,515	0,9804	28 205,794	6108	0,013 38	3,158	0,1048		50
29	0	386,179	0,9807	28 514,953	5971	0,013 38	3,262	0,1048	29	0
	10	381,842	0,9809	28 824,112	5834	0,013 38	3,366	0,1048		10
	20	377,505	0,9812	29 133,271	5697	0,013 37	3,469	0,1048		20
	30	373,169	0,9814	29 442,430	5560	0,013 37	3,573	0,1047		30
	40	368,831	0,9817	29 751,590	5423	0,013 37	3,677	0,1047		40
	50	364,494	0,9819	30 060,750	5285	0,013 36	3,781	0,1047		50
30	0	360,157	0,9822	30 369,909	5148	0,013 36	3,885	0,1047	30	0
		+ 66	−	+ 59	+ 465,	+	+ 289	+		
'	"	4,337	3	309,159	137	0	0,104	0	'	"

$r_3 = -0{,}000\ 16$

53°

'	"	4,338	2	309,160	137	0	0,104	0	'	"
		r_1	r_2	h_o	h_1	h_2	n_1	n_2		
		+ 66	–	+ 59	+ 465,	+	+ 289	+		
30	0	360,157	0,9822	30 369,909	5148	0,013 36	3,885	0,1047	30	0
	10	355,819	0,9824	30 679,069	5011	0,013 36	3,989	0,1047		10
	20	351,481	0,9827	30 988,229	4873	0,013 35	4,092	0,1047		20
	30	347,144	0,9829	31 297,390	4736	0,013 35	4,196	0,1047		30
	40	342,806	0,9832	31 606,550	4599	0,013 34	4,300	0,1047		40
	50	338,467	0,9834	31 915,710	4461	0,013 34	4,404	0,1047		50
31	0	334,129	0,9837	32 224,871	4324	0,013 34	4,507	0,1047	31	0
	10	329,790	0,9839	32 534,032	4186	0,013 33	4,611	0,1046		10
	20	325,452	0,9842	32 843,193	4048	0,013 33	4,715	0,1046		20
	30	321,113	0,9844	33 152,354	3911	0,013 33	4,819	0,1046		30
	40	316,774	0,9847	33 461,515	3773	0,013 32	4,923	0,1046		40
	50	312,435	0,9849	33 770,677	3635	0,013 32	5,026	0,1046		50
32	0	308,095	0,9852	34 079,838	3498	0,013 31	5,130	0,1046	32	0
	10	303,756	0,9854	34 389,000	3360	0,013 31	5,234	0,1046		10
	20	299,416	0,9857	34 698,162	3222	0,013 31	5,337	0,1046		20
	30	295,077	0,9859	35 007,323	3084	0,013 30	5,441	0,1046		30
	40	290,737	0,9862	35 316,486	2946	0,013 30	5,545	0,1045		40
	50	286,397	0,9864	35 625,648	2808	0,013 30	5,649	0,1045		50
33	0	282,056	0,9867	35 934,810	2670	0,013 29	5,752	0,1045	33	0
	10	277,716	0,9869	36 243,973	2532	0,013 29	5,856	0,1045		10
	20	273,375	0,9871	36 553,135	2394	0,013 28	5,960	0,1045		20
	30	269,035	0,9874	36 862,298	2256	0,013 28	6,063	0,1045		30
	40	264,694	0,9876	37 171,461	2117	0,013 28	6,167	0,1045		40
	50	260,353	0,9879	37 480,624	1979	0,013 27	6,271	0,1045		50
34	0	256,011	0,9881	37 789,788	1841	0,013 27	6,374	0,1045	34	0
	10	251,670	0,9884	38 098,951	1703	0,013 27	6,478	0,1045		10
	20	247,329	0,9886	38 408,114	1564	0,013 26	6,582	0,1044		20
	30	242,987	0,9889	38 717,278	1426	0,013 26	6,685	0,1044		30
	40	238,645	0,9891	39 026,442	1287	0,013 26	6,789	0,1044		40
	50	234,303	0,9894	39 335,606	1149	0,013 25	6,893	0,1044		50
35	0	229,961	0,9896	39 644,770	1010	0,013 25	6,996	0,1044	35	0
	10	225,619	0,9899	39 953,934	0872	0,013 24	7,100	0,1044		10
	20	221,276	0,9901	40 263,099	0733	0,013 24	7,203	0,1044		20
	30	216,934	0,9904	40 572,263	0594	0,013 24	7,307	0,1044		30
	40	212,591	0,9906	40 881,428	0455	0,013 23	7,411	0,1044		40
	50	208,248	0,9909	41 190,593	0317	0,013 23	7,514	0,1044		50
36	0	203,905	0,9911	41 499,758	0178	0,013 23	7,618	0,1043	36	0
	10	199,562	0,9914	41 808,923	0039	0,013 22	7,721	0,1043		10
	20	195,218	0,9916	42 118,088	^9900	0,013 22	7,825	0,1043		20
	30	190,875	0,9918	42 427,254	^9761	0,013 21	7,928	0,1043		30
	40	186,531	0,9921	42 736,419	^9622	0,013 21	8,032	0,1043		40
	50	182,187	0,9923	43 045,585	^9483	0,013 21	8,135	0,1043		50
37	0	177,843	0,9926	43 354,751	^9344	0,013 20	8,239	0,1043	37	0
	10	173,499	0,9928	43 663,917	^9205	0,013 20	8,343	0,1043		10
	20	169,154	0,9931	43 973,083	^9066	0,013 20	8,446	0,1043		20
	30	164,810	0,9933	44 282,249	^8926	0,013 19	8,550	0,1043		30
	40	160,465	0,9936	44 591,416	^8787	0,013 19	8,653	0,1042		40
	50	156,120	0,9938	44 900,582	^8648	0,013 19	8,757	0,1042		50
38	0	151,775	0,9941	45 209,749	^8508	0,013 18	8,860	0,1042	38	0
	10	147,430	0,9943	45 518,916	^8369	0,013 18	8,964	0,1042		10
	20	143,085	0,9946	45 828,083	^8230	0,013 17	9,067	0,1042		20
	30	138,740	0,9948	46 137,250	^8090	0,013 17	9,170	0,1042		30
	40	134,394	0,9951	46 446,417	^7951	0,013 17	9,274	0,1042		40
	50	130,048	0,9953	46 755,585	^7811	0,013 16	9,377	0,1042		50
39	0	125,702	0,9955	47 064,752	^7671	0,013 16	9,481	0,1042	39	0
	10	121,356	0,9958	47 373,920	^7532	0,013 16	9,584	0,1042		10
	20	117,010	0,9960	47 683,088	^7392	0,013 15	9,688	0,1041		20
	30	112,664	0,9963	47 992,256	^7252	0,013 15	9,791	0,1041		30
	40	108,317	0,9965	48 301,424	^7112	0,013 14	9,895	0,1041		40
	50	103,970	0,9968	48 610,592	^6973	0,013 14	9,998	0,1041		50
40	0	099,624	0,9970	48 919,761	^6833	0,013 14	^0,101	0,1041	40	0
		+ 66	–	+ 59	^+ 464,	+	^+ 290	+		
'	"	4,346	2	309,169	140	0	0,103	0	'	"

$r_3 = -\ 0{,}000\ 16$

53°

'	"	r_1	r_2	h_0	h_1	h_2	n_1	n_2	'	"
		4,347	3	309,168	140	1	0,104	0		
		*+ 66	–	+ 59	+ 464,	+	+ 290	+		
40	0	*099,624	0,9970	48 919,761	6833	0,013 14	0,101	0,1041	40	0
	10	*095,277	0,9973	49 228,929	6693	0,013 13	0,205	0,1041		10
	20	*090,929	0,9975	49 538,098	6553	0,013 13	0,308	0,1041		20
	30	*086,582	0,9978	49 847,267	6413	0,013 13	0,412	0,1041		30
	40	*082,235	0,9980	50 156,436	6273	0,013 12	0,515	0,1041		40
	50	*077,887	0,9983	50 465,605	6133	0,013 12	0,618	0,1041		50
41	0	*073,539	0,9985	50 774,775	5993	0,013 11	0,722	0,1040	41	0
	10	*069,191	0,9987	51 083,944	5852	0,013 11	0,825	0,1040		10
	20	*064,843	0,9990	51 393,114	5712	0,013 11	0,928	0,1040		20
	30	*060,495	0,9992	51 702,283	5572	0,013 10	1,032	0,1040		30
	40	*056,146	0,9995	52 011,453	5432	0,013 10	1,135	0,1040		40
	50	*051,798	0,9997	52 320,623	5291	0,013 10	1,238	0,1040		50
42	0	*047,449	1,0000	52 629,793	5151	0,013 09	1,342	0,1040	42	0
	10	*043,100	1,0002	52 938,964	5010	0,013 09	1,445	0,1040		10
	20	*038,751	1,0005	53 248,134	4870	0,013 09	1,548	0,1040		20
	30	*034,402	1,0007	53 557,305	4729	0,013 08	1,652	0,1040		30
	40	*030,052	1,0009	53 866,476	4589	0,013 08	1,755	0,1039		40
	50	*025,703	1,0012	54 175,647	4448	0,013 07	1,858	0,1039		50
43	0	*021,353	1,0014	54 484,818	4307	0,013 07	1,962	0,1039	43	0
	10	*017,003	1,0017	54 793,989	4167	0,013 07	2,065	0,1039		10
	20	*012,653	1,0019	55 103,160	4026	0,013 06	2,168	0,1039		20
	30	*008,303	1,0022	55 412,332	3885	0,013 06	2,271	0,1039		30
	40	*003,953	1,0024	55 721,503	3744	0,013 06	2,375	0,1039		40
	50	999,602	1,0027	56 030,675	3603	0,013 05	2,478	0,1039		50
44	0	995,252	1,0029	56 339,847	3463	0,013 05	2,581	0,1039	44	0
	10	990,901	1,0032	56 649,019	3322	0,013 04	2,684	0,1039		10
	20	986,550	1,0034	56 958,191	3181	0,013 04	2,788	0,1038		20
	30	982,199	1,0036	57 267,364	3039	0,013 04	2,891	0,1038		30
	40	977,848	1,0039	57 576,536	2898	0,013 03	2,994	0,1038		40
	50	973,496	1,0041	57 885,709	2757	0,013 03	3,097	0,1038		50
45	0	969,145	1,0044	58 194,881	2616	0,013 03	3,201	0,1038	45	0
	10	964,793	1,0046	58 504,054	2475	0,013 02	3,304	0,1038		10
	20	960,441	1,0049	58 813,227	2334	0,013 02	3,407	0,1038		20
	30	956,089	1,0051	59 122,401	2192	0,013 02	3,510	0,1038		30
	40	951,737	1,0053	59 431,574	2051	0,013 01	3,613	0,1038		40
	50	947,385	1,0056	59 740,747	1909	0,013 01	3,717	0,1038		50
46	0	943,032	1,0058	60 049,921	1768	0,013 00	3,820	0,1037	46	0
	10	938,679	1,0061	60 359,095	1626	0,013 00	3,923	0,1037		10
	20	934,327	1,0063	60 668,269	1485	0,013 00	4,026	0,1037		20
	30	929,974	1,0066	60 977,443	1343	0,012 99	4,129	0,1037		30
	40	925,621	1,0068	61 286,617	1202	0,012 99	4,232	0,1037		40
	50	921,267	1,0071	61 595,791	1060	0,012 99	4,335	0,1037		50
47	0	916,914	1,0073	61 904,966	0918	0,012 98	4,439	0,1037	47	0
	10	912,560	1,0075	62 214,141	0777	0,012 98	4,542	0,1037		10
	20	908,206	1,0078	62 523,315	0635	0,012 97	4,645	0,1037		20
	30	903,853	1,0080	62 832,490	0493	0,012 97	4,748	0,1036		30
	40	899,498	1,0083	63 141,665	0351	0,012 97	4,851	0,1036		40
	50	895,144	1,0085	63 450,841	0209	0,012 96	4,954	0,1036		50
48	0	890,790	1,0088	63 760,016	0067	0,012 96	5,057	0,1036	48	0
	10	886,435	1,0090	64 069,192	*9925	0,012 96	5,160	0,1036		10
	20	882,081	1,0092	64 378,367	*9783	0,012 95	5,263	0,1036		20
	30	877,726	1,0095	64 687,543	*9641	0,012 95	5,366	0,1036		30
	40	873,371	1,0097	64 996,719	*9499	0,012 95	5,469	0,1036		40
	50	869,016	1,0100	65 305,895	*9357	0,012 94	5,572	0,1036		50
49	0	864,660	1,0102	65 615,071	*9214	0,012 94	5,675	0,1036	49	0
	10	860,305	1,0105	65 924,248	*9072	0,012 93	5,779	0,1035		10
	20	855,949	1,0107	66 233,424	*8930	0,012 93	5,882	0,1035		20
	30	851,593	1,0109	66 542,601	*8787	0,012 93	5,985	0,1035		30
	40	847,237	1,0112	66 851,778	*8645	0,012 92	6,088	0,1035		40
	50	842,881	1,0114	67 160,955	*8502	0,012 92	6,191	0,1035		50
50	0	838,525	1,0117	67 470,132	*8360	0,012 92	6,294	0,1035	50	0
		+ 65	–	+ 59	*+ 463,	+	+ 290	+		
'	"	4,356	3	309,177	142	0	0,103	0	'	"

$r_3 = -0{,}000\ 16$

53^{0}

'	"	4,356	2	309,177	143	1	0,103	0	'	"
		r_1	r_2	h_0	h_1	h_2	n_1	n_2		
		+ 65	–	+ 59	+ 463,	+	+ 290	+		
50	0	838,525	1,0117	67 470,132	8360	0,012 92	6,294	0,1035	50	0
	10	834,169	1,0119	67 779,309	8217	0,012 91	6,397	0,1035		10
	20	829,812	1,0122	68 088,486	8075	0,012 91	6,500	0,1035		20
	30	825,455	1,0124	68 397,664	7932	0,012 90	6,603	0,1035		30
	40	821,098	1,0126	68 706,842	7790	0,012 90	6,706	0,1035		40
	50	816,741	1,0129	69 016,019	7647	0,012 90	6,808	0,1034		50
51	0	812,384	1,0131	69 325,197	7504	0,012 89	6,911	0,1034	51	0
	10	808,027	1,0134	69 634,375	7361	0,012 89	7,014	0,1034		10
	20	803,669	1,0136	69 943,554	7218	0,012 89	7,117	0,1034		20
	30	799,312	1,0139	70 252,732	7075	0,012 88	7,220	0,1034		30
	40	794,954	1,0141	70 561,911	6933	0,012 88	7,323	0,1034		40
	50	790,596	1,0143	70 871,089	6790	0,012 88	7,426	0,1034		50
52	0	786,238	1,0146	71 180,268	6647	0,012 87	7,529	0,1034	52	0
	10	781,879	1,0148	71 489,447	6503	0,012 87	7,632	0,1034		10
	20	777,521	1,0151	71 798,626	6360	0,012 86	7,735	0,1034		20
	30	773,162	1,0153	72 107,806	6217	0,012 86	7,838	0,1033		30
	40	768,804	1,0155	72 416,985	6074	0,012 86	7,941	0,1033		40
	50	764,445	1,0158	72 726,164	5931	0,012 85	8,044	0,1033		50
53	0	760,086	1,0160	73 035,344	5787	0,012 85	8,146	0,1033	53	0
	10	755,726	1,0163	73 344,524	5644	0,012 85	8,249	0,1033		10
	20	751,367	1,0165	73 653,704	5501	0,012 84	8,352	0,1033		20
	30	747,007	1,0168	73 962,884	5357	0,012 84	8,455	0,1033		30
	40	742,648	1,0170	74 272,064	5214	0,012 83	8,558	0,1033		40
	50	738,288	1,0172	74 581,245	5070	0,012 83	8,661	0,1033		50
54	0	733,928	1,0175	74 890,425	4927	0,012 83	8,764	0,1033	54	0
	10	729,568	1,0177	75 199,606	4783	0,012 82	8,866	0,1032		10
	20	725,207	1,0180	75 508,787	4640	0,012 82	8,969	0,1032		20
	30	720,847	1,0182	75 817,968	4496	0,012 82	9,072	0,1032		30
	40	716,486	1,0184	76 127,149	4352	0,012 81	9,175	0,1032		40
	50	712,125	1,0187	76 436,330	4208	0,012 81	9,278	0,1032		50
55	0	707,765	1,0189	76 745,512	4065	0,012 81	9,380	0,1032	55	0
	10	703,403	1,0192	77 054,693	3921	0,012 80	9,483	0,1032		10
	20	699,042	1,0194	77 363,875	3777	0,012 80	9,586	0,1032		20
	30	694,681	1,0197	77 673,057	3633	0,012 79	9,689	0,1032		30
	40	690,319	1,0199	77 982,239	3489	0,012 79	9,792	0,1032		40
	50	685,957	1,0201	78 291,421	3345	0,012 79	9,894	0,1031		50
56	0	681,596	1,0204	78 600,603	3201	0,012 78	9,997	0,1031	56	0
	10	677,234	1,0206	78 909,786	3057	0,012 78	^0,100	0,1031		10
	20	672,871	1,0209	79 218,968	2913	0,012 78	^0,203	0,1031		20
	30	668,509	1,0211	79 528,151	2768	0,012 77	^0,305	0,1031		30
	40	664,146	1,0213	79 837,334	2624	0,012 77	^0,408	0,1031		40
	50	659,784	1,0216	80 146,517	2480	0,012 76	^0,511	0,1031		50
57	0	655,421	1,0218	80 455,700	2335	0,012 76	^0,613	0,1031	57	0
	10	651,058	1,0221	80 764,883	2191	0,012 76	^0,716	0,1031		10
	20	646,695	1,0223	81 074,067	2047	0,012 75	^0,819	0,1030		20
	30	642,332	1,0225	81 383,250	1902	0,012 75	^0,922	0,1030		30
	40	637,968	1,0228	81 692,434	1758	0,012 75	^1,024	0,1030		40
	50	633,604	1,0230	82 001,618	1613	0,012 74	^1,127	0,1030		50
58	0	629,241	1,0233	82 310,802	1468	0,012 74	^1,230	0,1030	58	0
	10	624,877	1,0235	82 619,986	1324	0,012 74	^1,332	0,1030		10
	20	620,513	1,0237	82 929,170	1179	0,012 73	^1,435	0,1030		20
	30	616,149	1,0240	83 238,355	1034	0,012 73	^1,538	0,1030		30
	40	611,784	1,0242	83 547,539	0890	0,012 72	^1,640	0,1030		40
	50	607,420	1,0245	83 856,724	0745	0,012 72	^1,743	0,1030		50
59	0	603,055	1,0247	84 165,909	0600	0,012 72	^1,846	0,1029	59	0
	10	598,690	1,0249	84 475,094	0455	0,012 71	^1,948	0,1029		10
	20	594,325	1,0252	84 784,279	0310	0,012 71	^2,051	0,1029		20
	30	589,960	1,0254	85 093,464	0165	0,012 71	^2,153	0,1029		30
	40	585,595	1,0257	85 402,650	0020	0,012 70	^2,256	0,1029		40
	50	581,229	1,0259	85 711,835	^9875	0,012 70	^2,359	0,1029		50
60	0	576,863	1,0261	86 021,021	^9730	0,012 69	^2,461	0,1029	60	0
		+ 65	–	+ 59	^+ 462,	+	^+ 291	+		
'	"	4,366	2	309,186	145	1	0,102	0	'	"

$r_3 = -\ 0{,}000\ 16$

54°

'	"	4,365	3	309,186	145	0	0,103	0	'	"
		r_1	r_2	h_0	h_1	h_2	n_1	n_2		
		+ 65	–	+ 59	+ 462,	+	+ 291	+		
0	0	576,863	1,0261	86 021,021	9730	0,012 69	2,461	0,1029	0	0
	10	572,498	1,0264	86 330,207	9585	0,012 69	2,564	0,1029		10
	20	568,132	1,0266	86 639,393	9440	0,012 69	2,666	0,1029		20
	30	563,766	1,0269	86 948,579	9294	0,012 68	2,769	0,1029		30
	40	559,399	1,0271	87 257,765	9149	0,012 68	2,871	0,1028		40
	50	555,033	1,0273	87 566,952	9004	0,012 68	2,974	0,1028		50
1	0	550,666	1,0276	87 876,139	8858	0,012 67	3,077	0,1028	1	0
	10	546,300	1,0278	88 185,325	8713	0,012 67	3,179	0,1028		10
	20	541,933	1,0280	88 494,512	8567	0,012 67	3,282	0,1028		20
	30	537,566	1,0283	88 803,699	8422	0,012 66	3,384	0,1028		30
	40	533,199	1,0285	89 112,886	8276	0,012 66	3,487	0,1028		40
	50	528,831	1,0288	89 422,074	8131	0,012 65	3,589	0,1028		50
2	0	524,464	1,0290	89 731,261	7985	0,012 65	3,692	0,1028	2	0
	10	520,096	1,0292	90 040,449	7839	0,012 65	3,794	0,1028		10
	20	515,728	1,0295	90 349,636	7694	0,012 64	3,897	0,1027		20
	30	511,360	1,0297	90 658,824	7548	0,012 64	3,999	0,1027		30
	40	506,992	1,0300	90 968,012	7402	0,012 64	4,102	0,1027		40
	50	502,624	1,0302	91 277,201	7256	0,012 63	4,204	0,1027		50
3	0	498,256	1,0304	91 586,389	7110	0,012 63	4,307	0,1027	3	0
	10	493,887	1,0307	91 895,577	6964	0,012 63	4,409	0,1027		10
	20	489,518	1,0309	92 204,766	6818	0,012 62	4,512	0,1027		20
	30	485,149	1,0312	92 513,955	6672	0,012 62	4,614	0,1027		30
	40	480,780	1,0314	92 823,144	6526	0,012 61	4,716	0,1027		40
	50	476,411	1,0316	93 132,333	6380	0,012 61	4,819	0,1027		50
4	0	472,042	1,0319	93 441,522	6234	0,012 61	4,921	0,1026	4	0
	10	467,672	1,0321	93 750,711	6088	0,012 60	5,024	0,1026		10
	20	463,302	1,0323	94 059,901	5941	0,012 60	5,126	0,1026		20
	30	458,933	1,0326	94 369,090	5795	0,012 60	5,229	0,1026		30
	40	454,563	1,0328	94 678,280	5649	0,012 59	5,331	0,1026		40
	50	450,193	1,0331	94 987,470	5502	0,012 59	5,433	0,1026		50
5	0	445,822	1,0333	95 296,660	5356	0,012 58	5,536	0,1026	5	0
	10	441,452	1,0335	95 605,850	5210	0,012 58	5,638	0,1026		10
	20	437,081	1,0338	95 915,040	5063	0,012 58	5,740	0,1026		20
	30	432,710	1,0340	96 224,231	4916	0,012 57	5,843	0,1025		30
	40	428,339	1,0342	96 533,422	4770	0,012 57	5,945	0,1025		40
	50	423,968	1,0345	96 842,612	4623	0,012 57	6,048	0,1025		50
6	0	419,597	1,0347	97 151,803	4477	0,012 56	6,150	0,1025	6	0
	10	415,226	1,0350	97 460,994	4330	0,012 56	6,252	0,1025		10
	20	410,854	1,0352	97 770,185	4183	0,012 56	6,355	0,1025		20
	30	406,483	1,0354	98 079,377	4036	0,012 55	6,457	0,1025		30
	40	402,111	1,0357	98 388,568	3889	0,012 55	6,559	0,1025		40
	50	397,739	1,0359	98 697,760	3742	0,012 54	6,662	0,1025		50
7	0	393,367	1,0361	99 006,952	3596	0,012 54	6,764	0,1025	7	0
	10	388,994	1,0364	99 316,144	3449	0,012 54	6,866	0,1024		10
	20	384,622	1,0366	99 625,336	3301	0,012 53	6,968	0,1024		20
	30	380,249	1,0369	99 934,528	3154	0,012 53	7,071	0,1024		30
	40	375,876	1,0371	^00 243,720	3007	0,012 53	7,173	0,1024		40
	50	371,503	1,0373	^00 552,913	2860	0,012 52	7,275	0,1024		50
8	0	367,130	1,0376	^00 862,105	2713	0,012 52	7,378	0,1024	8	0
	10	362,757	1,0378	^01 171,298	2566	0,012 52	7,480	0,1024		10
	20	358,384	1,0380	^01 480,491	2418	0,012 51	7,582	0,1024		20
	30	354,010	1,0383	^01 789,684	2271	0,012 51	7,684	0,1024		30
	40	349,636	1,0385	^02 098,877	2124	0,012 50	7,786	0,1024		40
	50	345,262	1,0387	^02 408,071	1976	0,012 50	7,889	0,1023		50
9	0	340,888	1,0390	^02 717,264	1829	0,012 50	7,991	0,1023	9	0
	10	336,514	1,0392	^03 026,458	1681	0,012 49	8,093	0,1023		10
	20	332,140	1,0395	^03 335,652	1534	0,012 49	8,195	0,1023		20
	30	327,765	1,0397	^03 644,845	1386	0,012 49	8,298	0,1023		30
	40	323,391	1,0399	^03 954,039	1238	0,012 48	8,400	0,1023		40
	50	319,016	1,0402	^04 263,234	1091	0,012 48	8,502	0,1023		50
10	0	314,641	1,0404	^04 572,428	0943	0,012 47	8,604	0,1023	10	0
		+ 65	–	^+ 60	+ 462,	+	+ 291	+		
'	"	4,375	2	309,194	148	1	0,102	0	'	"

$r_3 = -0{,}000\ 16$

54°

'	"	4,375	2	309,195	148	0	0,102	0	'	"
		r_1	r_2	h_0	h_1	h_2	n_1	n_2		
		+ 65	–	+ 60	^+ 462,	+	^+ 291	+		
10	0	314,641	1,0404	04 572,428	^0943	0,012 47	^8,604	0,1023	10	0
	10	310,266	1,0406	04 881,623	^0795	0,012 47	^8,706	0,1023		10
	20	305,891	1,0409	05 190,817	^0647	0,012 47	^8,808	0,1023		20
	30	301,515	1,0411	05 500,012	^0499	0,012 46	^8,911	0,1022		30
	40	297,140	1,0413	05 809,207	^0352	0,012 46	^9,013	0,1022		40
	50	292,764	1,0416	06 118,402	^0204	0,012 46	^9,115	0,1022		50
11	0	288,388	1,0418	06 427,597	^0056	0,012 45	^9,217	0,1022	11	0
	10	284,012	1,0421	06 736,793	9908	0,012 45	^9,319	0,1022		10
	20	279,636	1,0423	07 045,988	9760	0,012 45	^9,421	0,1022		20
	30	275,259	1,0425	07 355,184	9611	0,012 44	^9,523	0,1022		30
	40	270,883	1,0428	07 664,379	9463	0,012 44	^9,626	0,1022		40
	50	266,506	1,0430	07 973,575	9315	0,012 43	^9,728	0,1022		50
12	0	262,129	1,0432	08 282,771	9167	0,012 43	^9,830	0,1021	12	0
	10	257,752	1,0435	08 591,968	9018	0,012 43	^9,932	0,1021		10
	20	253,375	1,0437	08 901,164	8870	0,012 42	0,034	0,1021		20
	30	248,998	1,0439	09 210,361	8722	0,012 42	0,136	0,1021		30
	40	244,621	1,0442	09 519,557	8573	0,012 42	0,238	0,1021		40
	50	240,243	1,0444	09 828,754	8425	0,012 41	0,340	0,1021		50
13	0	235,865	1,0446	10 137,951	8276	0,012 41	0,442	0,1021	13	0
	10	231,487	1,0449	10 447,148	8128	0,012 41	0,544	0,1021		10
	20	227,109	1,0451	10 756,345	7979	0,012 40	0,646	0,1021		20
	30	222,731	1,0454	11 065,543	7830	0,012 40	0,748	0,1021		30
	40	218,353	1,0456	11 374,740	7682	0,012 39	0,850	0,1020		40
	50	213,974	1,0458	11 683,938	7533	0,012 39	0,952	0,1020		50
14	0	209,595	1,0461	11 993,136	7384	0,012 39	1,054	0,1020	14	0
	10	205,217	1,0463	12 302,333	7235	0,012 38	1,156	0,1020		10
	20	200,838	1,0465	12 611,532	7087	0,012 38	1,258	0,1020		20
	30	196,458	1,0468	12 920,730	6938	0,012 38	1,360	0,1020		30
	40	192,079	1,0470	13 229,928	6789	0,012 37	1,462	0,1020		40
	50	187,700	1,0472	13 539,127	6640	0,012 37	1,564	0,1020		50
15	0	183,320	1,0475	13 848,325	6491	0,012 37	1,666	0,1020	15	0
	10	178,940	1,0477	14 157,524	6342	0,012 36	1,768	0,1020		10
	20	174,560	1,0479	14 466,723	6192	0,012 36	1,870	0,1019		20
	30	170,180	1,0482	14 775,922	6043	0,012 35	1,972	0,1019		30
	40	165,800	1,0484	15 085,121	5894	0,012 35	2,074	0,1019		40
	50	161,420	1,0486	15 394,321	5745	0,012 35	2,176	0,1019		50
16	0	157,039	1,0489	15 703,520	5596	0,012 34	2,278	0,1019	16	0
	10	152,658	1,0491	16 012,720	5446	0,012 34	2,380	0,1019		10
	20	148,278	1,0493	16 321,920	5297	0,012 34	2,482	0,1019		20
	30	143,897	1,0496	16 631,120	5147	0,012 33	2,584	0,1019		30
	40	139,515	1,0498	16 940,320	4998	0,012 33	2,686	0,1019		40
	50	135,134	1,0500	17 249,520	4848	0,012 33	2,788	0,1019		50
17	0	130,753	1,0503	17 558,720	4699	0,012 32	2,889	0,1018	17	0
	10	126,371	1,0505	17 867,921	4549	0,012 32	2,991	0,1018		10
	20	121,989	1,0507	18 177,122	4400	0,012 31	3,093	0,1018		20
	30	117,607	1,0510	18 486,322	4250	0,012 31	3,195	0,1018		30
	40	113,225	1,0512	18 795,523	4100	0,012 31	3,297	0,1018		40
	50	108,843	1,0514	19 104,724	3950	0,012 30	3,399	0,1018		50
18	0	104,461	1,0517	19 413,926	3801	0,012 30	3,501	0,1018	18	0
	10	100,078	1,0519	19 723,127	3651	0,012 30	3,603	0,1018		10
	20	095,695	1,0521	20 032,328	3501	0,012 29	3,704	0,1018		20
	30	091,313	1,0524	20 341,530	3351	0,012 29	3,806	0,1017		30
	40	086,929	1,0526	20 650,732	3201	0,012 28	3,908	0,1017		40
	50	082,546	1,0528	20 959,934	3051	0,012 28	4,010	0,1017		50
19	0	078,163	1,0531	21 269,136	2901	0,012 28	4,112	0,1017	19	0
	10	073,780	1,0533	21 578,338	2751	0,012 27	4,213	0,1017		10
	20	069,396	1,0535	21 887,541	2600	0,012 27	4,315	0,1017		20
	30	065,012	1,0538	22 196,743	2450	0,012 27	4,417	0,1017		30
	40	060,628	1,0540	22 505,946	2300	0,012 26	4,519	0,1017		40
	50	056,244	1,0542	22 815,149	2150	0,012 26	4,621	0,1017		50
20	0	051,860	1,0545	23 124,352	1999	0,012 26	4,722	0,1017	20	0
		+ 65	–	+ 60	+ 461,	+	+ 292	+		
'	"	4,384	3	309,203	151	0	0,101	0	'	"

$r_3 = -0{,}000\ 15$

54°

'	"	r_1	r_2	h_0	h_1	h_2	n_1	n_2	'	"
		4,385	2	309,203	150	1	0,102	1		
		^+ 65	–	+ 60	^+ 461,	+	+ 292	+		
20	0	^051,860	1,0545	23 124,352	^1999	0,012 26	4,722	0,1017	20	0
	10	^047,475	1,0547	23 433,555	^1849	0,012 25	4,824	0,1016		10
	20	^043,091	1,0549	23 742,758	^1699	0,012 25	4,926	0,1016		20
	30	^038,706	1,0552	24 051,961	^1548	0,012 24	5,028	0,1016		30
	40	^034,321	1,0554	24 361,165	^1398	0,012 24	5,129	0,1016		40
	50	^029,936	1,0556	24 670,368	^1247	0,012 24	5,231	0,1016		50
21	0	^025,551	1,0559	24 979,572	^1096	0,012 23	5,333	0,1016	21	0
	10	^021,166	1,0561	25 288,776	^0946	0,012 23	5,435	0,1016		10
	20	^016,780	1,0563	25 597,980	^0795	0,012 23	5,536	0,1016		20
	30	^012,395	1,0566	25 907,185	^0644	0,012 22	5,638	0,1016		30
	40	^008,009	1,0568	26 216,389	^0494	0,012 22	5,740	0,1016		40
	50	^003,623	1,0570	26 525,594	^0343	0,012 22	5,841	0,1015		50
22	0	999,237	1,0573	26 834,798	^0192	0,012 21	5,943	0,1015	22	0
	10	994,850	1,0575	27 144,003	^0041	0,012 21	6,045	0,1015		10
	20	990,464	1,0577	27 453,208	9890	0,012 20	6,146	0,1015		20
	30	986,077	1,0580	27 762,413	9739	0,012 20	6,248	0,1015		30
	40	981,691	1,0582	28 071,618	9588	0,012 20	6,350	0,1015		40
	50	977,304	1,0584	28 380,824	9437	0,012 19	6,451	0,1015		50
23	0	972,917	1,0587	28 690,029	9286	0,012 19	6,553	0,1015	23	0
	10	968,530	1,0589	28 999,235	9135	0,012 19	6,655	0,1015		10
	20	964,142	1,0591	29 308,441	8983	0,012 18	6,756	0,1015		20
	30	959,755	1,0594	29 617,647	8832	0,012 18	6,858	0,1014		30
	40	955,367	1,0596	29 926,853	8681	0,012 18	6,960	0,1014		40
	50	950,979	1,0598	30 236,059	8529	0,012 17	7,061	0,1014		50
24	0	946,591	1,0601	30 545,265	8378	0,012 17	7,163	0,1014	24	0
	10	942,203	1,0603	30 854,472	8227	0,012 16	7,264	0,1014		10
	20	937,815	1,0605	31 163,679	8075	0,012 16	7,366	0,1014		20
	30	933,427	1,0608	31 472,885	7924	0,012 16	7,468	0,1014		30
	40	929,038	1,0610	31 782,092	7772	0,012 15	7,569	0,1014		40
	50	924,649	1,0612	32 091,299	7621	0,012 15	7,671	0,1014		50
25	0	920,260	1,0614	32 400,507	7469	0,012 15	7,772	0,1013	25	0
	10	915,871	1,0617	32 709,714	7317	0,012 14	7,874	0,1013		10
	20	911,482	1,0619	33 018,922	7165	0,012 14	7,975	0,1013		20
	30	907,093	1,0621	33 328,129	7014	0,012 14	8,077	0,1013		30
	40	902,703	1,0624	33 637,337	6862	0,012 13	8,178	0,1013		40
	50	898,314	1,0626	33 946,545	6710	0,012 13	8,280	0,1013		50
26	0	893,924	1,0628	34 255,753	6558	0,012 12	8,381	0,1013	26	0
	10	889,534	1,0631	34 564,961	6406	0,012 12	8,483	0,1013		10
	20	885,144	1,0633	34 874,170	6254	0,012 12	8,584	0,1013		20
	30	880,753	1,0635	35 183,378	6102	0,012 11	8,686	0,1013		30
	40	876,363	1,0638	35 492,587	5950	0,012 11	8,787	0,1012		40
	50	871,972	1,0640	35 801,796	5798	0,012 11	8,889	0,1012		50
27	0	867,582	1,0642	36 111,005	5646	0,012 10	8,990	0,1012	27	0
	10	863,191	1,0645	36 420,214	5494	0,012 10	9,092	0,1012		10
	20	858,800	1,0647	36 729,423	5341	0,012 10	9,193	0,1012		20
	30	854,409	1,0649	37 038,633	5189	0,012 09	9,295	0,1012		30
	40	850,017	1,0651	37 347,842	5037	0,012 09	9,396	0,1012		40
	50	845,626	1,0654	37 657,052	4884	0,012 08	9,498	0,1012		50
28	0	841,234	1,0656	37 966,262	4732	0,012 08	9,599	0,1012	28	0
	10	836,842	1,0658	38 275,472	4579	0,012 08	9,701	0,1012		10
	20	832,450	1,0661	38 584,682	4427	0,012 07	9,802	0,1011		20
	30	828,058	1,0663	38 893,892	4274	0,012 07	9,903	0,1011		30
	40	823,666	1,0665	39 203,102	4122	0,012 07	^0,005	0,1011		40
	50	819,273	1,0668	39 512,313	3969	0,012 06	^0,106	0,1011		50
29	0	814,881	1,0670	39 821,524	3816	0,012 06	^0,208	0,1011	29	0
	10	810,488	1,0672	40 130,734	3664	0,012 06	^0,309	0,1011		10
	20	806,095	1,0674	40 439,945	3511	0,012 05	^0,410	0,1011		20
	30	801,702	1,0677	40 749,157	3358	0,012 05	^0,512	0,1011		30
	40	797,309	1,0679	41 058,368	3205	0,012 04	^0,613	0,1011		40
	50	792,916	1,0681	41 367,579	3052	0,012 04	^0,715	0,1010		50
30	0	788,522	1,0684	41 676,791	2899	0,012 04	^0,816	0,1010	30	0
		+ 64	–	+ 60	+ 460,	+	^+ 293	+		
'	"	4,394	3	309,212	153	0	0,101	0	'	"

r_3 = – 0,000 15

54°

'	"	4,394	2	309,211	153	1	0,101	0	'	"
		r_1	r_2	h_0	h_1	h_2	n_1	n_2		
		+ 64	–	+ 60	^+ 460,	+	+ 293	+		
30	0	788,522	1,0684	41 676,791	^2899	0,012 04	0,816	0,1010	30	0
	10	784,128	1,0686	41 986,002	^2746	0,012 03	0,917	0,1010		10
	20	779,735	1,0688	42 295,214	^2593	0,012 03	1,019	0,1010		20
	30	775,341	1,0691	42 604,426	^2440	0,012 03	1,120	0,1010		30
	40	770,947	1,0693	42 913,638	^2287	0,012 02	1,221	0,1010		40
	50	766,552	1,0695	43 222,851	^2134	0,012 02	1,323	0,1010		50
31	0	762,158	1,0697	43 532,063	^1981	0,012 02	1,424	0,1010	31	0
	10	757,763	1,0700	43 841,275	^1828	0,012 01	1,525	0,1010		10
	20	753,368	1,0702	44 150,488	^1674	0,012 01	1,626	0,1010		20
	30	748,974	1,0704	44 459,701	^1521	0,012 00	1,728	0,1009		30
	40	744,579	1,0707	44 768,914	^1368	0,012 00	1,829	0,1009		40
	50	740,183	1,0709	45 078,127	^1214	0,012 00	1,930	0,1009		50
32	0	735,788	1,0711	45 387,340	^1061	0,011 99	2,032	0,1009	32	0
	10	731,392	1,0713	45 696,554	^0907	0,011 99	2,133	0,1009		10
	20	726,997	1,0716	46 005,767	^0754	0,011 99	2,234	0,1009		20
	30	722,601	1,0718	46 314,981	^0600	0,011 98	2,335	0,1009		30
	40	718,205	1,0720	46 624,195	^0446	0,011 98	2,437	0,1009		40
	50	713,809	1,0723	46 933,409	^0293	0,011 98	2,538	0,1009		50
33	0	709,413	1,0725	47 242,623	^0139	0,011 97	2,639	0,1009	33	0
	10	705,016	1,0727	47 551,837	9985	0,011 97	2,740	0,1008		10
	20	700,620	1,0730	47 861,051	9831	0,011 96	2,842	0,1008		20
	30	696,223	1,0732	48 170,266	9677	0,011 96	2,943	0,1008		30
	40	691,826	1,0734	48 479,481	9524	0,011 96	3,044	0,1008		40
	50	687,429	1,0736	48 788,696	9370	0,011 95	3,145	0,1008		50
34	0	683,032	1,0739	49 097,910	9216	0,011 95	3,246	0,1008	34	0
	10	678,634	1,0741	49 407,126	9062	0,011 95	3,348	0,1008		10
	20	674,237	1,0743	49 716,341	8908	0,011 94	3,449	0,1008		20
	30	669,839	1,0746	50 025,556	8753	0,011 94	3,550	0,1008		30
	40	665,441	1,0748	50 334,772	8599	0,011 94	3,651	0,1007		40
	50	661,043	1,0750	50 643,987	8445	0,011 93	3,752	0,1007		50
35	0	656,645	1,0752	50 953,203	8291	0,011 93	3,853	0,1007	35	0
	10	652,247	1,0755	51 262,419	8137	0,011 92	3,954	0,1007		10
	20	647,849	1,0757	51 571,635	7982	0,011 92	4,056	0,1007		20
	30	643,450	1,0759	51 880,852	7828	0,011 92	4,157	0,1007		30
	40	639,051	1,0761	52 190,068	7673	0,011 91	4,258	0,1007		40
	50	634,652	1,0764	52 499,285	7519	0,011 91	4,359	0,1007		50
36	0	630,253	1,0766	52 808,501	7364	0,011 91	4,460	0,1007	36	0
	10	625,854	1,0768	53 117,718	7210	0,011 90	4,561	0,1007		10
	20	621,455	1,0771	53 426,935	7055	0,011 90	4,662	0,1006		20
	30	617,055	1,0773	53 736,152	6901	0,011 90	4,763	0,1006		30
	40	612,656	1,0775	54 045,369	6746	0,011 89	4,864	0,1006		40
	50	608,256	1,0777	54 354,587	6591	0,011 89	4,965	0,1006		50
37	0	603,856	1,0780	54 663,804	6437	0,011 88	5,067	0,1006	37	0
	10	599,456	1,0782	54 973,022	6282	0,011 88	5,168	0,1006		10
	20	595,055	1,0784	55 282,240	6127	0,011 88	5,269	0,1006		20
	30	590,655	1,0787	55 591,458	5972	0,011 87	5,370	0,1006		30
	40	586,254	1,0789	55 900,676	5817	0,011 87	5,471	0,1006		40
	50	581,854	1,0791	56 209,894	5662	0,011 87	5,572	0,1006		50
38	0	577,453	1,0793	56 519,113	5507	0,011 86	5,673	0,1005	38	0
	10	573,052	1,0796	56 828,331	5352	0,011 86	5,774	0,1005		10
	20	568,651	1,0798	57 137,550	5197	0,011 86	5,875	0,1005		20
	30	564,249	1,0800	57 446,769	5042	0,011 85	5,976	0,1005		30
	40	559,848	1,0802	57 755,988	4886	0,011 85	6,077	0,1005		40
	50	555,446	1,0805	58 065,207	4731	0,011 84	6,178	0,1005		50
39	0	551,044	1,0807	58 374,426	4576	0,011 84	6,279	0,1005	39	0
	10	546,642	1,0809	58 683,645	4421	0,011 84	6,380	0,1005		10
	20	542,240	1,0812	58 992,865	4265	0,011 83	6,481	0,1005		20
	30	537,838	1,0814	59 302,085	4110	0,011 83	6,582	0,1004		30
	40	533,435	1,0816	59 611,304	3954	0,011 83	6,683	0,1004		40
	50	529,033	1,0818	59 920,524	3799	0,011 82	6,784	0,1004		50
40	0	524,630	1,0821	60 229,744	3643	0,011 82	6,885	0,1004	40	0
		+ 64	–	+ 60	+ 459,	+	+ 293	+		
'	"	4,403	3	309,220	156	0	0,101	0	'	"

$r_3 = -0{,}000\ 15$

54°

'	"	4,403	2	309,221	155	0	0,100	0.	'	"
		r_1	r_2	h_0	h_1	h_2	n_1	n_2		
		+ 64	–	+ 60	^+ 459,	+	^+ 293	+		
40	0	524,630	1,0821	60 229,744	^3643	0,011 82	^6,885	0,1004	40	0
	10	520,227	1,0823	60 538,965	^3488	0,011 82	^6,985	0,1004		10
	20	515,824	1,0825	60 848,185	^3332	0,011 81	^7,086	0,1004		20
	30	511,421	1,0827	61 157,406	^3176	0,011 81	^7,187	0,1004		30
	40	507,018	1,0830	61 466,626	^3021	0,011 80	^7,288	0,1004		40
	50	502,614	1,0832	61 775,847	^2865	0,011 80	^7,389	0,1004		50
41	0	498,211	1,0834	62 085,068	^2709	0,011 80	^7,490	0,1004	41	0
	10	493,807	1,0836	62 394,289	^2553	0,011 79	^7,591	0,1003		10
	20	489,403	1,0839	62 703,510	^2397	0,011 79	^7,692	0,1003		20
	30	484,999	1,0841	63 012,732	^2241	0,011 79	^7,793	0,1003		30
	40	480,594	1,0843	63 321,953	^2086	0,011 78	^7,894	0,1003		40
	50	476,190	1,0845	63 631,175	^1929	0,011 78	^7,994	0,1003		50
42	0	471,785	1,0848	63 940,397	^1773	0,011 78	^8,095	0,1003	42	0
	10	467,381	1,0850	64 249,619	^1617	0,011 77	^8,196	0,1003		10
	20	462,976	1,0852	64 558,841	^1461	0,011 77	^8,297	0,1003		20
	30	458,571	1,0854	64 868,063	^1305	0,011 77	^8,398	0,1003		30
	40	454,166	1,0857	65 177,286	^1149	0,011 76	^8,499	0,1003		40
	50	449,760	1,0859	65 486,508	^0992	0,011 76	^8,600	0,1002		50
43	0	445,355	1,0861	65 795,731	^0836	0,011 75	^8,700	0,1002	43	0
	10	440,949	1,0864	66 104,954	^0680	0,011 75	^8,801	0,1002		10
	20	436,543	1,0866	66 414,177	^0523	0,011 75	^8,902	0,1002		20
	30	432,137	1,0868	66 723,400	^0367	0,011 74	^9,003	0,1002		30
	40	427,731	1,0870	67 032,623	^0210	0,011 74	^9,104	0,1002		40
	50	423,325	1,0873	67 341,846	^0054	0,011 74	^9,204	0,1002		50
44	0	418,919	1,0875	67 651,070	9897	0,011 73	^9,305	0,1002	44	0
	10	414,512	1,0877	67 960,293	9741	0,011 73	^9,406	0,1002		10
	20	410,105	1,0879	68 269,517	9584	0,011 73	^9,507	0,1001		20
	30	405,699	1,0882	68 578,741	9427	0,011 72	^9,607	0,1001		30
	40	401,291	1,0884	68 887,965	9271	0,011 72	^9,708	0,1001		40
	50	396,884	1,0886	69 197,190	9114	0,011 71	^9,809	0,1001		50
45	0	392,477	1,0888	69 506,414	8957	0,011 71	^9,910	0,1001	45	0
	10	388,070	1,0891	69 815,638	8800	0,011 71	0,010	0,1001		10
	20	383,662	1,0893	70 124,863	8643	0,011 70	0,111	0,1001		20
	30	379,254	1,0895	70 434,088	8486	0,011 70	0,212	0,1001		30
	40	374,846	1,0897	70 743,313	8329	0,011 70	0,312	0,1001		40
	50	370,438	1,0900	71 052,538	8172	0,011 69	0,413	0,1001		50
46	0	366,030	1,0902	71 361,763	8015	0,011 69	0,514	0,1000	46	0
	10	361,621	1,0904	71 670,989	7858	0,011 69	0,615	0,1000		10
	20	357,213	1,0906	71 980,214	7701	0,011 68	0,715	0,1000		20
	30	352,804	1,0909	72 289,440	7543	0,011 68	0,816	0,1000		30
	40	348,395	1,0911	72 598,666	7386	0,011 67	0,917	0,1000		40
	50	343,986	1,0913	72 907,892	7229	0,011 67	1,017	0,1000		50
47	0	339,577	1,0915	73 217,118	7071	0,011 67	1,118	0,1000	47	0
	10	335,168	1,0917	73 526,344	6914	0,011 66	1,219	0,1000		10
	20	330,758	1,0920	73 835,570	6757	0,011 66	1,319	0,1000		20
	30	326,349	1,0922	74 144,797	6599	0,011 66	1,420	0,0999		30
	40	321,939	1,0924	74 454,023	6442	0,011 65	1,520	0,0999		40
	50	317,529	1,0926	74 763,250	6284	0,011 65	1,621	0,0999		50
48	0	313,119	1,0929	75 072,477	6126	0,011 65	1,722	0,0999	48	0
	10	308,709	1,0931	75 381,704	5969	0,011 64	1,822	0,0999		10
	20	304,298	1,0933	75 690,932	5811	0,011 64	1,923	0,0999		20
	30	299,888	1,0935	76 000,159	5653	0,011 63	2,023	0,0999		30
	40	295,477	1,0938	76 309,386	5495	0,011 63	2,124	0,0999		40
	50	291,066	1,0940	76 618,614	5338	0,011 63	2,225	0,0999		50
49	0	286,655	1,0942	76 927,842	5180	0,011 62	2,325	0,0999	49	0
	10	282,244	1,0944	77 237,070	5022	0,011 62	2,426	0,0998		10
	20	277,833	1,0947	77 546,298	4864	0,011 62	2,526	0,0998		20
	30	273,421	1,0949	77 855,526	4706	0,011 61	2,627	0,0998		30
	40	269,010	1,0951	78 164,755	4548	0,011 61	2,727	0,0998		40
	50	264,598	1,0953	78 473,983	4390	0,011 61	2,828	0,0998		50
50	0	260,186	1,0956	78 783,212	4232	0,011 60	2,928	0,0998	50	0
		+ 64	–	+ 60	+ 458,	+	+ 294	+		
'	"	4,412	3	309,229	158	1	0,100	0.	'	"

$r_3 = - 0{,}000\ 15$

54°

'	"	4,412	2	309,229	159	0	0,101	0	'	"
		r_1	r_2	h_0	h_1	h_2	n_1	n_2		
		+ 64	–	+ 60	*+ 458,	+	+ 294	+		
50	0	260,186	1,0956	78 783,212	*4232	0,011 60	2,928	0,0998	50	0
	10	255,774	1,0958	79 092,441	*4073	0,011 60	3,029	0,0998		10
	20	251,362	1,0960	79 401,669	*3915	0,011 60	3,129	0,0998		20
	30	246,949	1,0962	79 710,899	*3757	0,011 59	3,230	0,0998		30
	40	242,537	1,0964	80 020,128	*3599	0,011 59	3,330	0,0998		40
	50	238,124	1,0967	80 329,357	*3440	0,011 58	3,431	0,0997		50
51	0	233,711	1,0969	80 638,587	*3282	0,011 58	3,531	0,0997	51	0
	10	229,298	1,0971	80 947,816	*3123	0,011 58	3,632	0,0997		10
	20	224,885	1,0973	81 257,046	*2965	0,011 57	3,732	0,0997		20
	30	220,472	1,0976	81 566,276	*2806	0,011 57	3,833	0,0997		30
	40	216,059	1,0978	81 875,506	*2648	0,011 57	3,933	0,0997		40
	50	211,645	1,0980	82 184,736	*2489	0,011 56	4,034	0,0997		50
52	0	207,231	1,0982	82 493,967	*2331	0,011 56	4,134	0,0997	52	0
	10	202,817	1,0985	82 803,197	*2172	0,011 56	4,235	0,0997		10
	20	198,403	1,0987	83 112,428	*2013	0,011 55	4,335	0,0996		20
	30	193,989	1,0989	83 421,659	*1854	0,011 55	4,435	0,0996		30
	40	189,575	1,0991	83 730,890	*1696	0,011 54	4,536	0,0996		40
	50	185,160	1,0993	84 040,121	*1537	0,011 54	4,636	0,0996		50
53	0	180,746	1,0996	84 349,352	*1378	0,011 54	4,737	0,0996	53	0
	10	176,331	1,0998	84 658,583	*1219	0,011 53	4,837	0,0996		10
	20	171,916	1,1000	84 967,815	*1060	0,011 53	4,937	0,0996		20
	30	167,501	1,1002	85 277,046	*0901	0,011 53	5,038	0,0996		30
	40	163,085	1,1005	85 586,278	*0742	0,011 52	5,138	0,0996		40
	50	158,670	1,1007	85 895,510	*0583	0,011 52	5,239	0,0996		50
54	0	154,254	1,1009	86 204,742	*0423	0,011 52	5,339	0,0995	54	0
	10	149,839	1,1011	86 513,974	*0264	0,011 51	5,439	0,0995		10
	20	145,423	1,1013	86 823,207	*0105	0,011 51	5,540	0,0995		20
	30	141,007	1,1016	87 132,439	9946	0,011 51	5,640	0,0995		30
	40	136,591	1,1018	87 441,672	9786	0,011 50	5,740	0,0995		40
	50	132,174	1,1020	87 750,905	9627	0,011 50	5,841	0,0995		50
55	0	127,758	1,1022	88 060,138	9467	0,011 49	5,941	0,0995	55	0
	10	123,341	1,1025	88 369,371	9308	0,011 49	6,041	0,0995		10
	20	118,924	1,1027	88 678,604	9148	0,011 49	6,142	0,0995		20
	30	114,507	1,1029	88 987,837	8989	0,011 48	6,242	0,0994		30
	40	110,090	1,1031	89 297,071	8829	0,011 48	6,342	0,0994		40
	50	105,673	1,1033	89 606,304	8670	0,011 48	6,442	0,0994		50
56	0	101,256	1,1036	89 915,538	8510	0,011 47	6,543	0,0994	56	0
	10	096,838	1,1038	90 224,772	8350	0,011 47	6,643	0,0994		10
	20	092,420	1,1040	90 534,006	8190	0,011 47	6,743	0,0994		20
	30	088,002	1,1042	90 843,240	8031	0,011 46	6,844	0,0994		30
	40	083,584	1,1044	91 152,475	7871	0,011 46	6,944	0,0994		40
	50	079,166	1,1047	91 461,709	7711	0,011 45	7,044	0,0994		50
57	0	074,748	1,1049	91 770,944	7551	0,011 45	7,144	0,0994	57	0
	10	070,330	1,1051	92 080,179	7391	0,011 45	7,245	0,0993		10
	20	065,911	1,1053	92 389,414	7231	0,011 44	7,345	0,0993		20
	30	061,492	1,1055	92 698,649	7071	0,011 44	7,445	0,0993		30
	40	057,073	1,1058	93 007,884	6911	0,011 44	7,545	0,0993		40
	50	052,654	1,1060	93 317,119	6750	0,011 43	7,645	0,0993		50
58	0	048,235	1,1062	93 626,355	6590	0,011 43	7,746	0,0993	58	0
	10	043,816	1,1064	93 935,590	6430	0,011 43	7,846	0,0993		10
	20	039,396	1,1067	94 244,826	6270	0,011 42	7,946	0,0993		20
	30	034,976	1,1069	94 554,062	6109	0,011 42	8,046	0,0993		30
	40	030,556	1,1071	94 863,298	5949	0,011 42	8,146	0,0993		40
	50	026,136	1,1073	95 172,534	5789	0,011 41	8,246	0,0992		50
59	0	021,716	1,1075	95 481,771	5628	0,011 41	8,347	0,0992	59	0
	10	017,296	1,1078	95 791,007	5468	0,011 40	8,447	0,0992		10
	20	012,876	1,1080	96 100,244	5307	0,011 40	8,547	0,0992		20
	30	008,455	1,1082	96 409,480	5146	0,011 40	8,647	0,0992		30
	40	004,034	1,1084	96 718,717	4986	0,011 39	8,747	0,0992		40
	50	*999,613	1,1086	97 027,954	4825	0,011 39	8,847	0,0992		50
60	0	*995,192	1,1089	97 337,192	4664	0,011 39	8,947	0,0992	60	0
		*+ 63	–	+ 60	+ 457,	+	+ 294	+		
'	"	4,421	3	309,238	161	0	0,100	0	'	"

r_3 = – 0,000 15

55°

'	"	4,421	2	309,237	160	1	0,100	0	'	"
		r_1	r_2	h_0	h_1	h_2	n_1	n_2		
		+ 63	–	*+ 60	*+ 457,	+	*+ 294	+		
0	0	995,192	1,1089	*97 337,192	*4664	0,011 39	*8,947	0,0992	0	0
	10	990,771	1,1091	*97 646,429	*4504	0,011 38	*9,047	0,0992		10
	20	986,350	1,1093	*97 955,666	*4343	0,011 38	*9,148	0,0992		20
	30	981,928	1,1095	*98 264,904	*4182	0,011 38	*9,248	0,0991		30
	40	977,506	1,1097	*98 574,142	*4021	0,011 37	*9,348	0,0991		40
	50	973,085	1,1100	*98 883,380	*3860	0,011 37	*9,448	0,0991		50
1	0	968,663	1,1102	*99 192,618	*3699	0,011 36	*9,548	0,0991	1	0
	10	964,241	1,1104	*99 501,856	*3538	0,011 36	*9,648	0,0991		10
	20	959,818	1,1106	*99 811,094	*3377	0,011 36	*9,748	0,0991		20
	30	955,396	1,1108	00 120,333	*3216	0,011 35	*9,848	0,0991		30
	40	950,973	1,1111	00 429,571	*3055	0,011 35	*9,948	0,0991		40
	50	946,551	1,1113	00 738,810	*2894	0,011 35	0,048	0,0991		50
2	0	942,128	1,1115	01 048,049	*2732	0,011 34	0,148	0,0990	2	0
	10	937,705	1,1117	01 357,288	*2571	0,011 34	0,248	0,0990		10
	20	933,281	1,1119	01 666,527	*2410	0,011 34	0,348	0,0990		20
	30	928,858	1,1122	01 975,767	*2248	0,011 33	0,448	0,0990		30
	40	924,435	1,1124	02 285,006	*2087	0,011 33	0,548	0,0990		40
	50	920,011	1,1126	02 594,246	*1925	0,011 33	0,648	0,0990		50
3	0	915,587	1,1128	02 903,485	*1764	0,011 32	0,748	0,0990	3	0
	10	911,163	1,1130	03 212,725	*1602	0,011 32	0,848	0,0990		10
	20	906,739	1,1132	03 521,965	*1441	0,011 31	0,948	0,0990		20
	30	902,315	1,1135	03 831,205	*1279	0,011 31	1,048	0,0989		30
	40	897,890	1,1137	04 140,446	*1118	0,011 31	1,148	0,0989		40
	50	893,466	1,1139	04 449,686	*0956	0,011 30	1,248	0,0989		50
4	0	889,041	1,1141	04 758,927	*0794	0,011 30	1,348	0,0989	4	0
	10	884,616	1,1143	05 068,168	*0632	0,011 30	1,448	0,0989		10
	20	880,191	1,1146	05 377,408	*0470	0,011 29	1,548	0,0989		20
	30	875,766	1,1148	05 686,649	*0309	0,011 29	1,648	0,0989		30
	40	871,341	1,1150	05 995,891	*0147	0,011 29	1,748	0,0989		40
	50	866,915	1,1152	06 305,132	9985	0,011 28	1,848	0,0989		50
5	0	862,490	1,1154	06 614,373	9823	0,011 28	1,947	0,0989	5	0
	10	858,064	1,1157	06 923,615	9661	0,011 28	2,047	0,0988		10
	20	853,638	1,1159	07 232,857	9498	0,011 27	2,147	0,0988		20
	30	849,212	1,1161	07 542,099	9336	0,011 27	2,247	0,0988		30
	40	844,786	1,1163	07 851,341	9174	0,011 26	2,347	0,0988		40
	50	840,359	1,1165	08 160,583	9012	0,011 26	2,447	0,0988		50
6	0	835,933	1,1167	08 469,825	8850	0,011 26	2,547	0,0988	6	0
	10	831,506	1,1170	08 779,068	8687	0,011 25	2,647	0,0988		10
	20	827,079	1,1172	09 088,310	8525	0,011 25	2,746	0,0988		20
	30	822,652	1,1174	09 397,553	8363	0,011 25	2,846	0,0988		30
	40	818,225	1,1176	09 706,796	8200	0,011 24	2,946	0,0987		40
	50	813,798	1,1178	10 016,039	8038	0,011 24	3,046	0,0987		50
7	0	809,371	1,1181	10 325,282	7875	0,011 24	3,146	0,0987	7	0
	10	804,943	1,1183	10 634,525	7712	0,011 23	3,246	0,0987		10
	20	800,515	1,1185	10 943,769	7550	0,011 23	3,345	0,0987		20
	30	796,087	1,1187	11 253,012	7387	0,011 22	3,445	0,0987		30
	40	791,659	1,1189	11 562,256	7225	0,011 22	3,545	0,0987		40
	50	787,231	1,1191	11 871,500	7062	0,011 22	3,645	0,0987		50
8	0	782,803	1,1194	12 180,744	6899	0,011 21	3,745	0,0987	8	0
	10	778,374	1,1196	12 489,988	6736	0,011 21	3,844	0,0987		10
	20	773,946	1,1198	12 799,232	6573	0,011 21	3,944	0,0986		20
	30	769,517	1,1200	13 108,477	6410	0,011 20	4,044	0,0986		30
	40	765,088	1,1202	13 417,721	6247	0,011 20	4,144	0,0986		40
	50	760,659	1,1204	13 726,966	6084	0,011 20	4,243	0,0986		50
9	0	756,229	1,1207	14 036,211	5921	0,011 19	4,343	0,0986	9	0
	10	751,800	1,1209	14 345,456	5758	0,011 19	4,443	0,0986		10
	20	747,370	1,1211	14 654,701	5595	0,011 19	4,543	0,0986		20
	30	742,941	1,1213	14 963,946	5432	0,011 18	4,642	0,0986		30
	40	738,511	1,1215	15 273,192	5269	0,011 18	4,742	0,0986		40
	50	734,081	1,1217	15 582,437	5105	0,011 17	4,842	0,0985		50
10	0	729,651	1,1220	15 891,683	4942	0,011 17	4,941	0,0985	10	0
		+ 63	–	+ 61	+ 456,	+	+ 295	+		
'	"	4,430	3	309,246	163	0	0,099	0	'	"

$r_3 = -0{,}000\ 15$

55°

'	"	4,431	2	309,246	163	0	0,100	0	'	"
'	"	r_1	r_2	h_0	h_1	h_2	n_1	n_2	'	"
		+ 63	–	+ 61	+ 456,	+	+ 295	+		
10	0	729,651	1,1220	15 891,683	4942	0,011 17	4,941	0,0985	10	0
	10	725,220	1,1222	16 200,929	4779	0,011 17	5,041	0,0985		10
	20	720,790	1,1224	16 510,175	4615	0,011 16	5,141	0,0985		20
	30	716,359	1,1226	16 819,421	4452	0,011 16	5,240	0,0985		30
	40	711,929	1,1228	17 128,667	4288	0,011 16	5,340	0,0985		40
	50	707,498	1,1230	17 437,914	4125	0,011 15	5,440	0,0985		50
11	0	703,067	1,1233	17 747,160	3961	0,011 15	5,539	0,0985	11	0
	10	698,635	1,1235	18 056,407	3798	0,011 15	5,639	0,0985		10
	20	694,204	1,1237	18 365,654	3634	0,011 14	5,739	0,0985		20
	30	689,772	1,1239	18 674,901	3470	0,011 14	5,838	0,0984		30
	40	685,341	1,1241	18 984,148	3307	0,011 14	5,938	0,0984		40
	50	680,909	1,1243	19 293,395	3143	0,011 13	6,038	0,0984		50
12	0	676,477	1,1246	19 602,643	2979	0,011 13	6,137	0,0984	12	0
	10	672,045	1,1248	19 911,890	2815	0,011 12	6,237	0,0984		10
	20	667,612	1,1250	20 221,138	2651	0,011 12	6,336	0,0984		20
	30	663,180	1,1252	20 530,386	2487	0,011 12	6,436	0,0984		30
	40	658,747	1,1254	20 839,634	2323	0,011 11	6,536	0,0984		40
	50	654,315	1,1256	21 148,882	2159	0,011 11	6,635	0,0984		50
13	0	649,882	1,1259	21 458,130	1995	0,011 11	6,735	0,0983	13	0
	10	645,449	1,1261	21 767,378	1831	0,011 10	6,834	0,0983		10
	20	641,016	1,1263	22 076,627	1667	0,011 10	6,934	0,0983		20
	30	636,582	1,1265	22 385,876	1503	0,011 10	7,033	0,0983		30
	40	632,149	1,1267	22 695,124	1338	0,011 09	7,133	0,0983		40
	50	627,715	1,1269	23 004,373	1174	0,011 09	7,232	0,0983		50
14	0	623,281	1,1272	23 313,622	1010	0,011 09	7,332	0,0983	14	0
	10	618,847	1,1274	23 622,872	0845	0,011 08	7,431	0,0983		10
	20	614,413	1,1276	23 932,121	0681	0,011 08	7,531	0,0983		20
	30	609,979	1,1278	24 241,371	0517	0,011 07	7,630	0,0983		30
	40	605,545	1,1280	24 550,620	0352	0,011 07	7,730	0,0982		40
	50	601,110	1,1282	24 859,870	0188	0,011 07	7,829	0,0982		50
15	0	596,675	1,1284	25 169,120	0023	0,011 06	7,929	0,0982	15	0
	10	592,240	1,1287	25 478,370	^9858	0,011 06	8,028	0,0982		10
	20	587,805	1,1289	25 787,620	^9694	0,011 06	8,128	0,0982		20
	30	583,370	1,1291	26 096,871	^9529	0,011 05	8,227	0,0982		30
	40	578,935	1,1293	26 406,121	^9364	0,011 05	8,327	0,0982		40
	50	574,500	1,1295	26 715,372	^9199	0,011 05	8,426	0,0982		50
16	0	570,064	1,1297	27 024,623	^9034	0,011 04	8,526	0,0982	16	0
	10	565,628	1,1299	27 333,874	^8870	0,011 04	8,625	0,0981		10
	20	561,192	1,1302	27 643,125	^8705	0,011 04	8,725	0,0981		20
	30	556,756	1,1304	27 952,376	^8540	0,011 03	8,824	0,0981		30
	40	552,320	1,1306	28 261,627	^8375	0,011 03	8,923	0,0981		40
	50	547,884	1,1308	28 570,879	^8210	0,011 02	9,023	0,0981		50
17	0	543,447	1,1310	28 880,131	^8044	0,011 02	9,122	0,0981	17	0
	10	539,010	1,1312	29 189,382	^7879	0,011 02	9,222	0,0981		10
	20	534,574	1,1315	29 498,634	^7714	0,011 01	9,321	0,0981		20
	30	530,137	1,1317	29 807,887	^7549	0,011 01	9,420	0,0981		30
	40	525,699	1,1319	30 117,139	^7384	0,011 01	9,520	0,0981		40
	50	521,262	1,1321	30 426,391	^7218	0,011 00	9,619	0,0980		50
18	0	516,825	1,1323	30 735,644	^7053	0,011 00	9,719	0,0980	18	0
	10	512,387	1,1325	31 044,896	^6887	0,011 00	9,818	0,0980		10
	20	507,949	1,1327	31 354,149	^6722	0,010 99	9,917	0,0980		20
	30	503,512	1,1330	31 663,402	^6556	0,010 99	^0,017	0,0980		30
	40	499,074	1,1332	31 972,655	^6391	0,010 99	^0,116	0,0980		40
	50	494,635	1,1334	32 281,908	^6225	0,010 98	^0,215	0,0980		50
19	0	490,197	1,1336	32 591,162	^6060	0,010 98	^0,315	0,0980	19	0
	10	485,759	1,1338	32 900,415	^5894	0,010 97	^0,414	0,0980		10
	20	481,320	1,1340	33 209,669	^5728	0,010 97	^0,513	0,0979		20
	30	476,881	1,1342	33 518,923	^5563	0,010 97	^0,612	0,0979		30
	40	472,442	1,1344	33 828,176	^5397	0,010 96	^0,712	0,0979		40
	50	468,003	1,1347	34 137,431	^5231	0,010 96	^0,811	0,0979		50
20	0	463,564	1,1349	34 446,685	^5065	0,010 96	^0,910	0,0979	20	0
		+ 63	–	+ 61	^+ 455,	+	^+ 296	+		
'	"	4,439	2	309,254	166	0	0,099	0	'	"

$r_3 = -0{,}000\ 15$

55^0

'	"	r_1	r_2	h_0	h_1	h_2	n_1	n_2	'	"
		4,440	2	309,254	166	1	0,100	0		
		+ 63	–	+ 61	+ 455,	+	+ 296	+		
20	0	463,564	1,1349	34 446,685	5065	0,010 96	0,910	0,0979	20	0
	10	459,124	1,1351	34 755,939	4899	0,010 95	1,010	0,0979		10
	20	454,685	1,1353	35 065,194	4733	0,010 95	1,109	0,0979		20
	30	450,245	1,1355	35 374,448	4567	0,010 95	1,208	0,0979		30
	40	445,805	1,1357	35 683,703	4401	0,010 94	1,307	0,0979		40
	50	441,365	1,1359	35 992,958	4235	0,010 94	1,407	0,0979		50
21	0	436,925	1,1362	36 302,213	4069	0,010 94	1,506	0,0978	21	0
	10	432,485	1,1364	36 611,468	3903	0,010 93	1,605	0,0978		10
	20	428,045	1,1366	36 920,723	3736	0,010 93	1,704	0,0978		20
	30	423,604	1,1368	37 229,979	3570	0,010 92	1,804	0,0978		30
	40	419,163	1,1370	37 539,235	3404	0,010 92	1,903	0,0978		40
	50	414,722	1,1372	37 848,490	3238	0,010 92	2,002	0,0978		50
22	0	410,281	1,1374	38 157,746	3071	0,010 91	2,101	0,0978	22	0
	10	405,840	1,1376	38 467,002	2905	0,010 91	2,200	0,0978		10
	20	401,399	1,1379	38 776,258	2738	0,010 91	2,300	0,0978		20
	30	396,957	1,1381	39 085,515	2572	0,010 90	2,399	0,0977		30
	40	392,516	1,1383	39 394,771	2405	0,010 90	2,498	0,0977		40
	50	388,074	1,1385	39 704,028	2238	0,010 90	2,597	0,0977		50
23	0	383,632	1,1387	40 013,285	2072	0,010 89	2,696	0,0977	23	0
	10	379,190	1,1389	40 322,542	1905	0,010 89	2,795	0,0977		10
	20	374,747	1,1391	40 631,799	1738	0,010 89	2,894	0,0977		20
	30	370,305	1,1393	40 941,056	1572	0,010 88	2,994	0,0977		30
	40	365,862	1,1396	41 250,313	1405	0,010 88	3,093	0,0977		40
	50	361,420	1,1398	41 559,571	1238	0,010 87	3,192	0,0977		50
24	0	356,977	1,1400	41 868,828	1071	0,010 87	3,291	0,0977	24	0
	10	352,534	1,1402	42 178,086	0904	0,010 87	3,390	0,0976		10
	20	348,091	1,1404	42 487,344	0737	0,010 86	3,489	0,0976		20
	30	343,647	1,1406	42 796,602	0570	0,010 86	3,588	0,0976		30
	40	339,204	1,1408	43 105,860	0403	0,010 86	3,687	0,0976		40
	50	334,760	1,1410	43 415,118	0236	0,010 85	3,786	0,0976		50
25	0	330,317	1,1413	43 724,377	0069	0,010 85	3,885	0,0976	25	0
	10	325,873	1,1415	44 033,635	♠9901	0,010 85	3,985	0,0976		10
	20	321,429	1,1417	44 342,894	♠9734	0,010 84	4,084	0,0976		20
	30	316,984	1,1419	44 652,153	♠9567	0,010 84	4,183	0,0976		30
	40	312,540	1,1421	44 961,412	♠9399	0,010 84	4,282	0,0975		40
	50	308,096	1,1423	45 270,671	♠9232	0,010 83	4,381	0,0975		50
26	0	303,651	1,1425	45 579,930	♠9065	0,010 83	4,480	0,0975	26	0
	10	299,206	1,1427	45 889,190	♠8897	0,010 82	4,579	0,0975		10
	20	294,761	1,1430	46 198,449	♠8730	0,010 82	4,678	0,0975		20
	30	290,316	1,1432	46 507,709	♠8562	0,010 82	4,777	0,0975		30
	40	285,871	1,1434	46 816,969	♠8395	0,010 81	4,876	0,0975		40
	50	281,425	1,1436	47 126,229	♠8227	0,010 81	4,975	0,0975		50
27	0	276,980	1,1438	47 435,489	♠8059	0,010 81	5,074	0,0975	27	0
	10	272,534	1,1440	47 744,749	♠7891	0,010 80	5,173	0,0975		10
	20	268,088	1,1442	48 054,010	♠7724	0,010 80	5,272	0,0974		20
	30	263,642	1,1444	48 363,270	♠7556	0,010 80	5,371	0,0974		30
	40	259,196	1,1446	48 672,531	♠7388	0,010 79	5,470	0,0974		40
	50	254,750	1,1449	48 981,792	♠7220	0,010 79	5,569	0,0974		50
28	0	250,303	1,1451	49 291,053	♠7052	0,010 79	5,667	0,0974	28	0
	10	245,857	1,1453	49 600,314	♠6884	0,010 78	5,766	0,0974		10
	20	241,410	1,1455	49 909,575	♠6716	0,010 78	5,865	0,0974		20
	30	236,963	1,1457	50 218,837	♠6548	0,010 78	5,964	0,0974		30
	40	232,516	1,1459	50 528,098	♠6380	0,010 77	6,063	0,0974		40
	50	228,069	1,1461	50 837,360	♠6212	0,010 77	6,162	0,0973		50
29	0	223,621	1,1463	51 146,622	♠6044	0,010 76	6,261	0,0973	29	0
	10	219,174	1,1465	51 455,884	♠5875	0,010 76	6,360	0,0973		10
	20	214,726	1,1467	51 765,146	♠5707	0,010 76	6,459	0,0973		20
	30	210,278	1,1470	52 074,408	♠5539	0,010 75	6,558	0,0973		30
	40	205,830	1,1472	52 383,671	♠5370	0,010 75	6,657	0,0973		40
	50	201,382	1,1474	52 692,933	♠5202	0,010 75	6,755	0,0973		50
30	0	196,934	1,1476	53 002,196	♠5034	0,010 74	6,854	0,0973	30	0
		+ 63	–	+ 61	♠+ 454,	+	+ 296	+		
'	"	4,448	2	309,263	168	1	0,099	0	'	"

$r_3 = - 0{,}000\ 15$

55°

'	"	4,449	2	309,263	169	0	0,099	0	'	"
		r_1	r_2	h_0	h_1	h_2	n_1	n_2		
		+ 63	–	+ 61	♠+ 454,	+	+ 296	+		
30	0	196,934	1,1476	53 002,196	♠5034	0,010 74	6,854	0,0973	30	0
	10	192,485	1,1478	53 311,459	♠4865	0,010 74	6,953	0,0973		10
	20	188,037	1,1480	53 620,722	♠4697	0,010 74	7,052	0,0973		20
	30	183,588	1,1482	53 929,985	♠4528	0,010 73	7,151	0,0972		30
	40	179,139	1,1484	54 239,248	♠4359	0,010 73	7,250	0,0972		40
	50	174,690	1,1486	54 548,511	♠4191	0,010 73	7,348	0,0972		50
31	0	170,241	1,1489	54 857,775	♠4022	0,010 72	7,447	0,0972	31	0
	10	165,792	1,1491	55 167,039	♠3853	0,010 72	7,546	0,0972		10
	20	161,342	1,1493	55 476,302	♠3684	0,010 71	7,645	0,0972		20
	30	156,893	1,1495	55 785,566	♠3516	0,010 71	7,744	0,0972		30
	40	152,443	1,1497	56 094,831	♠3347	0,010 71	7,842	0,0972		40
	50	147,993	1,1499	56 404,095	♠3178	0,010 70	7,941	0,0972		50
32	0	143,543	1,1501	56 713,359	♠3009	0,010 70	8,040	0,0971	32	0
	10	139,093	1,1503	57 022,624	♠2840	0,010 70	8,139	0,0971		10
	20	134,642	1,1505	57 331,888	♠2671	0,010 69	8,238	0,0971		20
	30	130,192	1,1507	57 641,153	♠2502	0,010 69	8,336	0,0971		30
	40	125,741	1,1509	57 950,418	♠2332	0,010 69	8,435	0,0971		40
	50	121,290	1,1512	58 259,683	♠2163	0,010 68	8,534	0,0971		50
33	0	116,839	1,1514	58 568,948	♠1994	0,010 68	8,633	0,0971	33	0
	10	112,388	1,1516	58 878,214	♠1825	0,010 68	8,731	0,0971		10
	20	107,937	1,1518	59 187,479	♠1655	0,010 67	8,830	0,0971		20
	30	103,485	1,1520	59 496,745	♠1486	0,010 67	8,929	0,0971		30
	40	099,034	1,1522	59 806,011	♠1317	0,010 66	9,027	0,0970		40
	50	094,582	1,1524	60 115,277	♠1147	0,010 66	9,126	0,0970		50
34	0	090,130	1,1526	60 424,543	♠0978	0,010 66	9,225	0,0970	34	0
	10	085,678	1,1528	60 733,809	♠0808	0,010 65	9,324	0,0970		10
	20	081,226	1,1530	61 043,075	♠0639	0,010 65	9,422	0,0970		20
	30	076,774	1,1532	61 352,342	♠0469	0,010 65	9,521	0,0970		30
	40	072,321	1,1535	61 661,608	♠0299	0,010 64	9,620	0,0970		40
	50	067,869	1,1537	61 970,875	♠0130	0,010 64	9,718	0,0970		50
35	0	063,416	1,1539	62 280,142	9960	0,010 64	9,817	0,0970	35	0
	10	058,963	1,1541	62 589,409	9790	0,010 63	9,915	0,0969		10
	20	054,510	1,1543	62 898,676	9620	0,010 63	♠0,014	0,0969		20
	30	050,057	1,1545	63 207,944	9451	0,010 63	♠0,113	0,0969		30
	40	045,603	1,1547	63 517,211	9281	0,010 62	♠0,211	0,0969		40
	50	041,150	1,1549	63 826,479	9111	0,010 62	♠0,310	0,0969		50
36	0	036,696	1,1551	64 135,747	8941	0,010 62	♠0,409	0,0969	36	0
	10	032,242	1,1553	64 445,015	8771	0,010 61	♠0,507	0,0969		10
	20	027,788	1,1555	64 754,283	8601	0,010 61	♠0,606	0,0969		20
	30	023,334	1,1558	65 063,551	8430	0,010 60	♠0,704	0,0969		30
	40	018,880	1,1560	65 372,819	8260	0,010 60	♠0,803	0,0969		40
	50	014,425	1,1562	65 682,088	8090	0,010 60	♠0,902	0,0968		50
37	0	009,971	1,1564	65 991,356	7920	0,010 59	♠1,000	0,0968	37	0
	10	005,516	1,1566	66 300,625	7750	0,010 59	♠1,099	0,0968		10
	20	001,061	1,1568	66 609,894	7579	0,010 59	♠1,197	0,0968		20
	30	♠996,606	1,1570	66 919,163	7409	0,010 58	♠1,296	0,0968		30
	40	♠992,151	1,1572	67 228,432	7238	0,010 58	♠1,394	0,0968		40
	50	♠987,696	1,1574	67 537,701	7068	0,010 58	♠1,493	0,0968		50
38	0	♠983,240	1,1576	67 846,971	6897	0,010 57	♠1,591	0,0968	38	0
	10	♠978,785	1,1578	68 156,240	6727	0,010 57	♠1,690	0,0968		10
	20	♠974,329	1,1580	68 465,510	6556	0,010 57	♠1,788	0,0967		20
	30	♠969,873	1,1582	68 774,780	6386	0,010 56	♠1,887	0,0967		30
	40	♠965,417	1,1585	69 084,050	6215	0,010 56	♠1,985	0,0967		40
	50	♠960,961	1,1587	69 393,320	6044	0,010 56	♠2,084	0,0967		50
39	0	♠956,504	1,1589	69 702,591	5873	0,010 55	♠2,182	0,0967	39	0
	10	♠952,048	1,1591	70 011,861	5703	0,010 55	♠2,281	0,0967		10
	20	♠947,591	1,1593	70 321,132	5532	0,010 54	♠2,379	0,0967		20
	30	♠943,134	1,1595	70 630,402	5361	0,010 54	♠2,478	0,0967		30
	40	♠938,677	1,1597	70 939,673	5190	0,010 54	♠2,576	0,0967		40
	50	♠934,220	1,1599	71 248,944	5019	0,010 53	♠2,675	0,0966		50
40	0	♠929,763	1,1601	71 558,215	4848	0,010 53	♠2,773	0,0966	40	0
		♠+ 62	–	+ 61	+ 453,	+	♠+ 297	+		
'	"	4,457	2	309,271	171	0	0,098	0	'	"

$r_3 = -\ 0{,}000\ 14$

55°

'	"	4,458	2	309,272	171	0	0,099	0	'	"
		r_1	r_2	h_0	h_1	h_2	n_1	n_2		
		+ 62	–	+ 61	•+ 453,	+	+ 297	+		
40	0	929,763	1,1601	71 558,215	•4848	0,010 53	2,773	0,0966	40	0
	10	925,305	1,1603	71 867,487	•4677	0,010 53	2,872	0,0966		10
	20	920,848	1,1605	72 176,758	•4506	0,010 52	2,970	0,0966		20
	30	916,390	1,1607	72 486,030	•4335	0,010 52	3,068	0,0966		30
	40	911,932	1,1609	72 795,301	•4163	0,010 52	3,167	0,0966		40
	50	907,474	1,1611	73 104,573	•3992	0,010 51	3,265	0,0966		50
41	0	903,016	1,1614	73 413,845	•3821	0,010 51	3,364	0,0966	41	0
	10	898,558	1,1616	73 723,117	•3650	0,010 51	3,462	0,0966		10
	20	894,099	1,1618	74 032,390	•3478	0,010 50	3,560	0,0966		20
	30	889,641	1,1620	74 341,662	•3307	0,010 50	3,659	0,0965		30
	40	885,182	1,1622	74 650,935	•3135	0,010 50	3,757	0,0965		40
	50	880,723	1,1624	74 960,207	•2964	0,010 49	3,856	0,0965		50
42	0	876,264	1,1626	75 269,480	•2792	0,010 49	3,954	0,0965	42	0
	10	871,805	1,1628	75 578,753	•2621	0,010 48	4,052	0,0965		10
	20	867,345	1,1630	75 888,026	•2449	0,010 48	4,151	0,0965		20
	30	862,886	1,1632	76 197,299	•2278	0,010 48	4,249	0,0965		30
	40	858,426	1,1634	76 506,573	•2106	0,010 47	4,347	0,0965		40
	50	853,966	1,1636	76 815,846	•1934	0,010 47	4,446	0,0965		50
43	0	849,506	1,1638	77 125,120	•1762	0,010 47	4,544	0,0964	43	0
	10	845,046	1,1640	77 434,394	•1590	0,010 46	4,642	0,0964		10
	20	840,586	1,1642	77 743,668	•1419	0,010 46	4,740	0,0964		20
	30	836,126	1,1644	78 052,942	•1247	0,010 46	4,839	0,0964		30
	40	831,665	1,1647	78 362,216	•1075	0,010 45	4,937	0,0964		40
	50	827,204	1,1649	78 671,491	•0903	0,010 45	5,035	0,0964		50
44	0	822,744	1,1651	78 980,765	•0731	0,010 45	5,134	0,0964	44	0
	10	818,283	1,1653	79 290,040	•0559	0,010 44	5,232	0,0964		10
	20	813,821	1,1655	79 599,315	•0386	0,010 44	5,330	0,0964		20
	30	809,360	1,1657	79 908,590	•0214	0,010 44	5,428	0,0964		30
	40	804,899	1,1659	80 217,865	•0042	0,010 43	5,527	0,0963		40
	50	800,437	1,1661	80 527,140	9870	0,010 43	5,625	0,0963		50
45	0	795,975	1,1663	80 836,415	9697	0,010 42	5,723	0,0963	45	0
	10	791,513	1,1665	81 145,691	9525	0,010 42	5,821	0,0963		10
	20	787,051	1,1667	81 454,966	9353	0,010 42	5,920	0,0963		20
	30	782,589	1,1669	81 764,242	9180	0,010 41	6,018	0,0963		30
	40	778,127	1,1671	82 073,518	9008	0,010 41	6,116	0,0963		40
	50	773,664	1,1673	82 382,794	8835	0,010 41	6,214	0,0963		50
46	0	769,202	1,1675	82 692,070	8663	0,010 40	6,312	0,0963	46	0
	10	764,739	1,1677	83 001,347	8490	0,010 40	6,411	0,0962		10
	20	760,276	1,1679	83 310,623	8318	0,010 40	6,509	0,0962		20
	30	755,813	1,1681	83 619,900	8145	0,010 39	6,607	0,0962		30
	40	751,350	1,1683	83 929,177	7972	0,010 39	6,705	0,0962		40
	50	746,886	1,1686	84 238,454	7799	0,010 39	6,803	0,0962		50
47	0	742,423	1,1688	84 547,731	7627	0,010 38	6,901	0,0962	47	0
	10	737,959	1,1690	84 857,008	7454	0,010 38	6,999	0,0962		10
	20	733,495	1,1692	85 166,285	7281	0,010 38	7,098	0,0962		20
	30	729,031	1,1694	85 475,563	7108	0,010 37	7,196	0,0962		30
	40	724,567	1,1696	85 784,840	6935	0,010 37	7,294	0,0962		40
	50	720,103	1,1698	86 094,118	6762	0,010 36	7,392	0,0961		50
48	0	715,638	1,1700	86 403,396	6589	0,010 36	7,490	0,0961	48	0
	10	711,174	1,1702	86 712,674	6416	0,010 36	7,588	0,0961		10
	20	706,709	1,1704	87 021,952	6242	0,010 35	7,686	0,0961		20
	30	702,244	1,1706	87 331,231	6069	0,010 35	7,784	0,0961		30
	40	697,779	1,1708	87 640,509	5896	0,010 35	7,882	0,0961		40
	50	693,314	1,1710	87 949,788	5723	0,010 34	7,980	0,0961		50
49	0	688,848	1,1712	88 259,066	5549	0,010 34	8,079	0,0961	49	0
	10	684,383	1,1714	88 568,345	5376	0,010 34	8,177	0,0961		10
	20	679,917	1,1716	88 877,624	5203	0,010 33	8,275	0,0960		20
	30	675,452	1,1718	89 186,903	5029	0,010 33	8,373	0,0960		30
	40	670,986	1,1720	89 496,183	4856	0,010 33	8,471	0,0960		40
	50	666,520	1,1722	89 805,462	4682	0,010 32	8,569	0,0960		50
50	0	662,053	1,1724	90 114,742	4509	0,010 32	8,667	0,0960	50	0
		+ 62	–	+ 61	+ 452,	+	+ 297	+		
'	"	4,467	2	309,280	173	0	0,098	0	'	"

$r_3 = -0{,}000\ 14$

55°

'	"	4,466	2	309,280	174	0	0,098	0	'	"
		r_1	r_2	h_0	h_1	h_2	n_1	n_2		
		+ 62	–	+ 61	*+ 452,	+	*+ 297	+		
50	0	662,053	1,1724	90 114,742	*4509	0,010 32	*8,667	0,0960	50	0
	10	657,587	1,1726	90 424,022	*4335	0,010 32	*8,765	0,0960		10
	20	653,120	1,1728	90 723,301	*4161	0,010 31	*8,863	0,0960		20
	30	648,654	1,1730	91 042,581	*3988	0,010 31	*8,961	0,0960		30
	40	644,187	1,1732	91 351,862	*3814	0,010 30	*9,059	0,0960		40
	50	639,720	1,1735	91 661,142	*3640	0,010 30	*9,157	0,0959		50
51	0	635,253	1,1737	91 970,422	*3466	0,010 30	*9,255	0,0959	51	0
	10	630,786	1,1739	92 279,703	*3292	0,010 29	*9,353	0,0959		10
	20	626,318	1,1741	92 588,984	*3118	0,010 29	*9,451	0,0959		20
	30	621,851	1,1743	92 898,264	*2944	0,010 29	*9,549	0,0959		30
	40	617,383	1,1745	93 207,545	*2770	0,010 28	*9,647	0,0959		40
	50	612,915	1,1747	93 516,827	*2596	0,010 28	*9,745	0,0959		50
52	0	608,447	1,1749	93 826,108	*2422	0,010 28	*9,843	0,0959	52	0
	10	603,979	1,1751	94 135,389	*2248	0,010 27	*9,940	0,0959		10
	20	599,510	1,1753	94 444,671	*2074	0,010 27	0,038	0,0959		20
	30	595,042	1,1755	94 753,953	*1900	0,010 27	0,136	0,0958		30
	40	590,573	1,1757	95 063,234	*1725	0,010 26	0,234	0,0958		40
	50	586,105	1,1759	95 372,516	*1551	0,010 26	0,332	0,0958		50
53	0	581,636	1,1761	95 681,798	*1377	0,010 26	0,430	0,0958	53	0
	10	577,167	1,1763	95 991,081	*1202	0,010 25	0,528	0,0958		10
	20	572,697	1,1765	96 300,363	*1028	0,010 25	0,626	0,0958		20
	30	568,228	1,1767	96 609,646	*0854	0,010 24	0,724	0,0958		30
	40	563,759	1,1769	96 918,928	*0679	0,010 24	0,821	0,0958		40
	50	559,289	1,1771	97 228,211	*0504	0,010 24	0,919	0,0958		50
54	0	554,819	1,1773	97 537,494	*0330	0,010 23	1,017	0,0957	54	0
	10	550,349	1,1775	97 846,777	*0155	0,010 23	1,115	0,0957		10
	20	545,879	1,1777	98 156,061	9981	0,010 23	1,213	0,0957		20
	30	541,409	1,1779	98 465,344	9806	0,010 22	1,311	0,0957		30
	40	536,938	1,1781	98 774,627	9631	0,010 22	1,409	0,0957		40
	50	532,468	1,1783	99 083,911	9456	0,010 22	1,506	0,0957		50
55	0	527,997	1,1785	99 393,195	9281	0,010 21	1,604	0,0957	55	0
	10	523,526	1,1787	99 702,479	9106	0,010 21	1,702	0,0957		10
	20	519,055	1,1789	*00 011,763	8931	0,010 21	1,800	0,0957		20
	30	514,584	1,1791	*00 321,047	8757	0,010 20	1,898	0,0956		30
	40	510,113	1,1793	*00 630,332	8581	0,010 20	1,995	0,0956		40
	50	505,642	1,1795	*00 939,616	8406	0,010 20	2,093	0,0956		50
56	0	501,170	1,1797	*01 248,901	8231	0,010 19	2,191	0,0956	56	0
	10	496,698	1,1799	*01 558,185	8056	0,010 19	2,289	0,0956		10
	20	492,226	1,1801	*01 867,470	7881	0,010 19	2,386	0,0956		20
	30	487,754	1,1803	*02 176,755	7706	0,010 18	2,484	0,0956		30
	40	483,282	1,1805	*02 486,041	7530	0,010 18	2,582	0,0956		40
	50	478,810	1,1807	*02 795,326	7355	0,010 17	2,680	0,0956		50
57	0	474,337	1,1809	*03 104,612	7180	0,010 17	2,777	0,0956	57	0
	10	469,865	1,1811	*03 413,897	7004	0,010 17	2,875	0,0955		10
	20	465,392	1,1813	*03 723,183	6829	0,010 16	2,973	0,0955		20
	30	460,919	1,1815	*04 032,469	6653	0,010 16	3,071	0,0955		30
	40	456,446	1,1817	*04 341,755	6478	0,010 16	3,168	0,0955		40
	50	451,973	1,1819	*04 651,041	6302	0,010 15	3,266	0,0955		50
58	0	447,499	1,1821	*04 960,327	6127	0,010 15	3,364	0,0955	58	0
	10	443,026	1,1823	*05 269,614	5951	0,010 15	3,461	0,0955		10
	20	438,552	1,1825	*05 578,900	5775	0,010 14	3,559	0,0955		20
	30	434,078	1,1828	*05 888,187	5599	0,010 14	3,657	0,0955		30
	40	429,604	1,1830	*06 197,474	5424	0,010 14	3,754	0,0954		40
	50	425,130	1,1832	*06 506,761	5248	0,010 13	3,852	0,0954		50
59	0	420,656	1,1834	*06 816,048	5072	0,010 13	3,950	0,0954	59	0
	10	416,182	1,1836	*07 125,336	4896	0,010 13	4,047	0,0954		10
	20	411,707	1,1838	*07 434,623	4720	0,010 12	4,145	0,0954		20
	30	407,232	1,1840	*07 743,911	4544	0,010 12	4,242	0,0954		30
	40	402,757	1,1842	*08 053,198	4368	0,010 11	4,340	0,0954		40
	50	398,282	1,1844	*08 362,486	4192	0,010 11	4,438	0,0954		50
60	0	393,807	1,1846	*08 671,774	4016	0,010 11	4,535	0,0954	60	0
		+ 62	–	*+ 62	+ 451,	+	+ 298	+		
'	"	4,475	2	309,288	176	0	0,097	0	'	"

$r_3 = -0{,}000\ 14$

56°

′	″	r_1	r_2	h_0	h_1	h_2	n_1	n_2	′	″
		4,475	2	309,288	176	1	0,098	0		
		+ 62	–	+ 62	•+ 451,	+	+ 298	+		
0	0	393,807	1,1846	08 671,774	•4016	0,010 11	4,535	0,0954	0	0
	10	389,332	1,1848	08 981,062	•3840	0,010 10	4,633	0,0954		10
	20	384,857	1,1850	09 290,351	•3663	0,010 10	4,730	0,0953		20
	30	380,381	1,1852	09 599,639	•3487	0,010 10	4,828	0,0953		30
	40	375,905	1,1854	09 908,928	•3311	0,010 09	4,926	0,0953		40
	50	371,429	1,1856	10 218,216	•3134	0,010 09	5,023	0,0953		50
1	0	366,953	1,1858	10 527,505	•2958	0,010 09	5,121	0,0953	1	0
	10	362,477	1,1860	10 836,794	•2782	0,010 08	5,218	0,0953		10
	20	358,001	1,1862	11 146,083	•2605	0,010 08	5,316	0,0953		20
	30	353,524	1,1864	11 455,373	•2429	0,010 08	5,413	0,0953		30
	40	349,048	1,1866	11 764,662	•2252	0,010 07	5,511	0,0953		40
	50	344,571	1,1868	12 073,952	•2075	0,010 07	5,608	0,0952		50
2	0	340,094	1,1870	12 383,241	•1899	0,010 07	5,706	0,0952	2	0
	10	335,617	1,1872	12 692,531	•1722	0,010 06	5,803	0,0952		10
	20	331,140	1,1874	13 001,821	•1545	0,010 06	5,901	0,0952		20
	30	326,662	1,1876	13 311,111	•1369	0,010 06	5,998	0,0952		30
	40	322,185	1,1878	13 620,402	•1192	0,010 05	6,096	0,0952		40
	50	317,707	1,1880	13 929,692	•1015	0,010 05	6,193	0,0952		50
3	0	313,229	1,1882	14 238,983	•0838	0,010 04	6,291	0,0952	3	0
	10	308,751	1,1884	14 548,273	•0661	0,010 04	6,388	0,0952		10
	20	304,273	1,1886	14 857,564	•0484	0,010 04	6,486	0,0951		20
	30	299,795	1,1888	15 166,855	•0307	0,010 03	6,583	0,0951		30
	40	295,317	1,1890	15 476,146	•0130	0,010 03	6,681	0,0951		40
	50	290,838	1,1892	15 785,437	9953	0,010 03	6,778	0,0951		50
4	0	286,359	1,1894	16 094,729	9776	0,010 02	6,876	0,0951	4	0
	10	281,880	1,1896	16 404,020	9599	0,010 02	6,973	0,0951		10
	20	277,401	1,1897	16 713,312	9421	0,010 02	7,070	0,0951		20
	30	272,922	1,1899	17 022,604	9244	0,010 01	7,168	0,0951		30
	40	268,443	1,1901	17 331,896	9067	0,010 01	7,265	0,0951		40
	50	263,963	1,1903	17 641,188	8889	0,010 01	7,363	0,0951		50
5	0	259,484	1,1905	17 950,480	8712	0,010 00	7,460	0,0950	5	0
	10	255,004	1,1907	18 259,772	8535	0,010 00	7,557	0,0950		10
	20	250,524	1,1909	18 569,065	8357	0,010 00	7,655	0,0950		20
	30	246,044	1,1911	18 878,357	8179	0,009 99	7,752	0,0950		30
	40	241,564	1,1913	19 187,650	8002	0,009 99	7,850	0,0950		40
	50	237,084	1,1915	19 496,943	7824	0,009 99	7,947	0,0950		50
6	0	232,603	1,1917	19 806,236	7647	0,009 98	8,044	0,0950	6	0
	10	228,123	1,1919	20 115,529	7469	0,009 98	8,142	0,0950		10
	20	223,642	1,1921	20 424,823	7291	0,009 97	8,239	0,0950		20
	30	219,161	1,1923	20 734,116	7113	0,009 97	8,336	0,0949		30
	40	214,680	1,1925	21 043,410	6936	0,009 97	8,434	0,0949		40
	50	210,199	1,1927	21 352,704	6758	0,009 96	8,531	0,0949		50
7	0	205,717	1,1929	21 661,998	6580	0,009 96	8,628	0,0949	7	0
	10	201,236	1,1931	21 971,292	6402	0,009 96	8,725	0,0949		10
	20	196,754	1,1933	22 280,586	6224	0,009 95	8,823	0,0949		20
	30	192,272	1,1935	22 589,880	6046	0,009 95	8,920	0,0949		30
	40	187,790	1,1937	22 899,175	5868	0,009 95	9,017	0,0949		40
	50	183,308	1,1939	23 208,469	5689	0,009 94	9,115	0,0949		50
8	0	178,826	1,1941	23 517,764	5511	0,009 94	9,212	0,0948	8	0
	10	174,343	1,1943	23 827,059	5333	0,009 94	9,309	0,0948		10
	20	169,861	1,1945	24 136,354	5155	0,009 93	9,406	0,0948		20
	30	165,378	1,1947	24 445,649	4977	0,009 93	9,504	0,0948		30
	40	160,895	1,1949	24 754,944	4798	0,009 93	9,601	0,0948		40
	50	156,412	1,1951	25 064,240	4620	0,009 92	9,698	0,0948		50
9	0	151,929	1,1953	25 373,535	4441	0,009 92	9,795	0,0948	9	0
	10	147,446	1,1955	25 682,831	4263	0,009 92	9,893	0,0948		10
	20	142,962	1,1957	25 992,127	4084	0,009 91	9,990	0,0948		20
	30	138,479	1,1959	26 301,423	3906	0,009 91	•0,087	0,0948		30
	40	133,995	1,1961	26 610,719	3727	0,009 91	•0,184	0,0947		40
	50	129,511	1,1963	26 920,015	3549	0,009 90	•0,281	0,0947		50
10	0	125,027	1,1965	27 229,312	3370	0,009 90	•0,378	0,0947	10	0
		+ 62	–	+ 62	+ 450,	+	•+ 299	+		
′	″	4,484	2	309,297	179	0	0,097	0	′	″

$r_3 = -0,000\ 14$

56°

'	"	4,484	2	309,296	179	1	0,098	0	'	"
		r_1	r_2	h_0	h_1	h_2	n_1	n_2		
		^+ 62	−	+ 62	^+ 450,	+	+ 299	+		
10	0	^125,027	1,1965	27 229,312	^3370	0,009 90	0,378	0,0947	10	0
	10	^120,543	1,1967	27 538,608	^3191	0,009 89	0,476	0,0947		10
	20	^116,059	1,1969	27 847,905	^3012	0,009 89	0,573	0,0947		20
	30	^111,574	1,1971	28 157,202	^2834	0,009 89	0,670	0,0947		30
	40	^107,090	1,1973	28 466,499	^2655	0,009 88	0,767	0,0947		40
	50	^102,605	1,1975	28 775,796	^2476	0,009 88	0,864	0,0947		50
11	0	^098,120	1,1977	29 085,093	^2297	0,009 88	0,961	0,0947	11	0
	10	^093,635	1,1979	29 394,391	^2118	0,009 87	1,059	0,0946		10
	20	^089,150	1,1981	29 703,688	^1939	0,009 87	1,156	0,0946		20
	30	^084,664	1,1983	30 012,986	^1760	0,009 87	1,253	0,0946		30
	40	^080,179	1,1985	30 322,284	^1581	0,009 86	1,350	0,0946		40
	50	^075,693	1,1986	30 631,582	^1402	0,009 86	1,447	0,0946		50
12	0	^071,207	1,1988	30 940,880	^1222	0,009 86	1,544	0,0946	12	0
	10	^066,721	1,1990	31 250,178	^1043	0,009 85	1,641	0,0946		10
	20	^062,235	1,1992	31 559,476	^0864	0,009 85	1,738	0,0946		20
	30	^057,749	1,1994	31 868,775	^0685	0,009 85	1,835	0,0946		30
	40	^053,263	1,1996	32 178,073	^0505	0,009 84	1,932	0,0945		40
	50	^048,776	1,1998	32 487,372	^0326	0,009 84	2,029	0,0945		50
13	0	^044,289	1,2000	32 796,671	^0146	0,009 84	2,127	0,0945	13	0
	10	^039,803	1,2002	33 105,970	9967	0,009 83	2,224	0,0945		10
	20	^035,316	1,2004	33 415,269	9787	0,009 83	2,321	0,0945		20
	30	^030,828	1,2006	33 724,569	9608	0,009 82	2,418	0,0945		30
	40	^026,341	1,2008	34 033,868	9428	0,009 82	2,515	0,0945		40
	50	^021,854	1,2010	34 343,168	9248	0,009 82	2,612	0,0945		50
14	0	^017,366	1,2012	34 652,468	9069	0,009 81	2,709	0,0945	14	0
	10	^012,878	1,2014	34 961,768	8889	0,009 81	2,806	0,0945		10
	20	^008,391	1,2016	35 271,068	8709	0,009 81	2,903	0,0944		20
	30	^003,902	1,2018	35 580,368	8529	0,009 80	3,000	0,0944		30
	40	999,414	1,2020	35 889,668	8350	0,009 80	3,097	0,0944		40
	50	994,926	1,2022	36 198,969	8170	0,009 80	3,194	0,0944		50
15	0	990,438	1,2024	36 508,269	7990	0,009 79	3,291	0,0944	15	0
	10	985,949	1,2026	36 817,570	7810	0,009 79	3,388	0,0944		10
	20	981,460	1,2028	37 126,871	7630	0,009 79	3,485	0,0944		20
	30	976,971	1,2030	37 436,172	7450	0,009 78	3,581	0,0944		30
	40	972,482	1,2032	37 745,473	7269	0,009 78	3,678	0,0944		40
	50	967,993	1,2033	38 054,774	7089	0,009 78	3,775	0,0943		50
16	0	963,504	1,2035	38 364,076	6909	0,009 77	3,872	0,0943	16	0
	10	959,014	1,2037	38 673,377	6729	0,009 77	3,969	0,0943		10
	20	954,525	1,2039	38 982,679	6549	0,009 77	4,066	0,0943		20
	30	950,035	1,2041	39 291,981	6368	0,009 76	4,163	0,0943		30
	40	945,545	1,2043	39 601,283	6188	0,009 76	4,260	0,0943		40
	50	941,055	1,2045	39 910,585	6007	0,009 76	4,357	0,0943		50
17	0	936,565	1,2047	40 219,888	5827	0,009 75	4,454	0,0943	17	0
	10	932,074	1,2049	40 529,190	5646	0,009 75	4,551	0,0943		10
	20	927,584	1,2051	40 838,493	5466	0,009 74	4,647	0,0942		20
	30	923,093	1,2053	41 147,795	5285	0,009 74	4,744	0,0942		30
	40	918,602	1,2055	41 457,098	5105	0,009 74	4,841	0,0942		40
	50	914,111	1,2057	41 766,401	4924	0,009 73	4,938	0,0942		50
18	0	909,620	1,2059	42 075,704	4743	0,009 73	5,035	0,0942	18	0
	10	905,129	1,2061	42 385,007	4562	0,009 73	5,132	0,0942		10
	20	900,637	1,2063	42 694,311	4382	0,009 72	5,229	0,0942		20
	30	896,146	1,2065	43 003,614	4201	0,009 72	5,325	0,0942		30
	40	891,654	1,2067	43 312,918	4020	0,009 72	5,422	0,0942		40
	50	887,162	1,2069	43 622,222	3839	0,009 71	5,519	0,0942		50
19	0	882,670	1,2070	43 931,526	3658	0,009 71	5,616	0,0941	19	0
	10	878,178	1,2072	44 240,830	3477	0,009 71	5,713	0,0941		10
	20	873,686	1,2074	44 550,134	3296	0,009 70	5,809	0,0941		20
	30	869,193	1,2076	44 859,439	3115	0,009 70	5,906	0,0941		30
	40	864,701	1,2078	45 168,743	2934	0,009 70	6,003	0,0941		40
	50	860,208	1,2080	45 478,048	2753	0,009 69	6,100	0,0941		50
20	0	855,715	1,2082	45 787,353	2571	0,009 69	6,196	0,0941	20	0
		+ 61	−	+ 62	+ 449,	+	+ 299	+		
'	"	4,493	2	309,305	182	0	0,096	0	'	"

$r_3 = -0{,}000\ 14$

56°

'	"	4,493	2	309,305	181	0	0,097	0	'	"
		r_1	r_2	h_0	h_1	h_2	n_1	n_2		
		+ 61	–	+ 62	•+ 449,	+	+ 299	+		
20	0	855,715	1,2082	45 787,353	•2571	0,009 69	6,196	0,0941	20	0
	10	851,222	1,2084	46 096,658	•2390	0,009 69	6,293	0,0941		10
	20	846,729	1,2086	46 405,963	•2209	0,009 68	6,390	0,0941		20
	30	842,236	1,2088	46 715,268	•2027	0,009 68	6,487	0,0940		30
	40	837,742	1,2090	47 024,573	•1846	0,009 68	6,583	0,0940		40
	50	833,249	1,2092	47 333,879	•1665	0,009 67	6,680	0,0940		50
21	0	828,755	1,2094	47 643,184	•1483	0,009 67	6,777	0,0940	21	0
	10	824,261	1,2096	47 952,490	•1302	0,009 67	6,873	0,0940		10
	20	819,767	1,2098	48 261,796	•1120	0,009 66	6,970	0,0940		20
	30	815,273	1,2100	48 571,102	•0938	0,009 66	7,067	0,0940		30
	40	810,778	1,2101	48 880,408	•0757	0,009 65	7,164	0,0940		40
	50	806,284	1,2103	49 189,715	•0575	0,009 65	7,260	0,0940		50
22	0	801,789	1,2105	49 499,021	•0393	0,009 65	7,357	0,0939	22	0
	10	797,294	1,2107	49 808,328	•0212	0,009 64	7,454	0,0939		10
	20	792,799	1,2109	50 117,635	•0030	0,009 64	7,550	0,0939		20
	30	788,304	1,2111	50 426,941	9848	0,009 64	7,647	0,0939		30
	40	783,809	1,2113	50 736,248	9666	0,009 63	7,744	0,0939		40
	50	779,314	1,2115	51 045,556	9484	0,009 63	7,840	0,0939		50
23	0	774,818	1,2117	51 354,863	9302	0,009 63	7,937	0,0939	23	0
	10	770,323	1,2119	51 664,170	9120	0,009 62	8,033	0,0939		10
	20	765,827	1,2121	51 973,478	8938	0,009 62	8,130	0,0939		20
	30	761,331	1,2123	52 282,786	8756	0,009 62	8,227	0,0939		30
	40	756,835	1,2125	52 592,094	8574	0,009 61	8,323	0,0938		40
	50	752,338	1,2127	52 901,402	8391	0,009 61	8,420	0,0938		50
24	0	747,842	1,2128	53 210,710	8209	0,009 61	8,516	0,0938	24	0
	10	743,345	1,2130	53 520,018	8027	0,009 60	8,613	0,0938		10
	20	738,849	1,2132	53 829,327	7845	0,009 60	8,710	0,0938		20
	30	734,352	1,2134	54 138,635	7662	0,009 60	8,806	0,0938		30
	40	729,855	1,2136	54 447,944	7480	0,009 59	8,903	0,0938		40
	50	725,358	1,2138	54 757,253	7297	0,009 59	8,999	0,0938		50
25	0	720,860	1,2140	55 066,562	7115	0,009 59	9,096	0,0938	25	0
	10	716,363	1,2142	55 375,871	6932	0,009 58	9,192	0,0937		10
	20	711,865	1,2144	55 685,180	6750	0,009 58	9,289	0,0937		20
	30	707,368	1,2146	55 994,489	6567	0,009 57	9,385	0,0937		30
	40	702,870	1,2148	56 303,799	6384	0,009 57	9,482	0,0937		40
	50	698,372	1,2150	56 613,109	6202	0,009 57	9,578	0,0937		50
26	0	693,874	1,2152	56 922,419	6019	0,009 56	9,675	0,0937	26	0
	10	689,375	1,2153	57 231,728	5836	0,009 56	9,771	0,0937		10
	20	684,877	1,2155	57 541,039	5653	0,009 56	9,868	0,0937		20
	30	680,378	1,2157	57 850,349	5471	0,009 55	9,964	0,0937		30
	40	675,879	1,2159	58 159,659	5288	0,009 55	•0,061	0,0936		40
	50	671,381	1,2161	58 468,970	5105	0,009 55	•0,157	0,0936		50
27	0	666,882	1,2163	58 778,280	4922	0,009 54	•0,254	0,0936	27	0
	10	662,382	1,2165	59 087,591	4739	0,009 54	•0,350	0,0936		10
	20	657,883	1,2167	59 396,902	4556	0,009 54	•0,447	0,0936		20
	30	653,383	1,2169	59 706,213	4372	0,009 53	•0,543	0,0936		30
	40	648,884	1,2171	60 015,524	4189	0,009 53	•0,640	0,0936		40
	50	644,384	1,2173	60 324,836	4006	0,009 53	•0,736	0,0936		50
28	0	639,884	1,2174	60 634,147	3823	0,009 52	•0,832	0,0936	28	0
	10	635,384	1,2176	60 943,459	3639	0,009 52	•0,929	0,0935		10
	20	630,884	1,2178	61 252,771	3456	0,009 52	•1,025	0,0935		20
	30	626,383	1,2180	61 562,083	3273	0,009 51	•1,122	0,0935		30
	40	621,883	1,2182	61 871,395	3089	0,009 51	•1,218	0,0935		40
	50	617,382	1,2184	62 180,707	2906	0,009 51	•1,314	0,0935		50
29	0	612,881	1,2186	62 490,019	2722	0,009 50	•1,411	0,0935	29	0
	10	608,381	1,2188	62 799,332	2539	0,009 50	•1,507	0,0935		10
	20	603,879	1,2190	63 108,644	2355	0,009 50	•1,604	0,0935		20
	30	599,378	1,2192	63 417,957	2172	0,009 49	•1,700	0,0935		30
	40	594,877	1,2194	63 727,270	1988	0,009 49	•1,796	0,0935		40
	50	590,375	1,2195	64 036,583	1804	0,009 49	•1,893	0,0934		50
30	0	585,874	1,2197	64 345,896	1620	0,009 48	•1,989	0,0934	30	0
		+ 61	–	+ 62	+ 448,	+	•+ 300	+		
'	"	4,501	2	309,313	184	1	0,096	0	'	"

$r_3 = -0{,}000\ 14$

56°

'	"	4,502	2	309,313	183	0	0,096	0	'	"
		r_1	r_2	h_0	h_1	h_2	n_1	n_2		
		+ 61	–	+ 62	+ 448,	+	+ 300	+		
30	0	585,874	1,2197	64 345,896	▲1620	0,009 48	1,989	0,0934	30	0
	10	581,372	1,2199	64 655,209	▲1437	0,009 48	2,085	0,0934		10
	20	576,870	1,2201	64 964,523	▲1253	0,009 47	2,182	0,0934		20
	30	572,368	1,2203	65 273,836	▲1069	0,009 47	2,278	0,0934		30
	40	567,865	1,2205	65 583,150	▲0885	0,009 47	2,374	0,0934		40
	50	563,363	1,2207	65 892,464	▲0701	0,009 46	2,471	0,0934		50
31	0	558,860	1,2209	66 201,778	▲0517	0,009 46	2,567	0,0934	31	0
	10	554,358	1,2211	66 511,092	▲0333	0,009 46	2,663	0,0934		10
	20	549,855	1,2213	66 820,406	▲0149	0,009 45	2,759	0,0933		20
	30	545,352	1,2215	67 129,721	9965	0,009 45	2,856	0,0933		30
	40	540,849	1,2216	67 439,035	9780	0,009 45	2,952	0,0933		40
	50	536,345	1,2218	67 748,350	9596	0,009 44	3,048	0,0933		50
32	0	531,842	1,2220	68 057,665	9412	0,009 44	3,144	0,0933	32	0
	10	527,338	1,2222	68 366,980	9228	0,009 44	3,241	0,0933		10
	20	522,835	1,2224	68 676,295	9043	0,009 43	3,337	0,0933		20
	30	518,331	1,2226	68 985,610	8859	0,009 43	3,433	0,0933		30
	40	513,827	1,2228	69 294,926	8674	0,009 43	3,529	0,0933		40
	50	509,322	1,2230	69 604,241	8490	0,009 42	3,626	0,0932		50
33	0	504,818	1,2232	69 913,557	8305	0,009 42	3,722	0,0932	33	0
	10	500,314	1,2233	70 222,873	8121	0,009 42	3,818	0,0932		10
	20	495,809	1,2235	70 532,189	7936	0,009 41	3,914	0,0932		20
	30	491,304	1,2237	70 841,505	7752	0,009 41	4,010	0,0932		30
	40	486,799	1,2239	71 150,821	7567	0,009 41	4,107	0,0932		40
	50	482,294	1,2241	71 460,137	7382	0,009 40	4,203	0,0932		50
34	0	477,789	1,2243	71 769,454	7197	0,009 40	4,299	0,0932	34	0
	10	473,284	1,2245	72 078,771	7013	0,009 40	4,395	0,0932		10
	20	468,778	1,2247	72 388,087	6828	0,009 39	4,491	0,0932		20
	30	464,273	1,2249	72 697,404	6643	0,009 39	4,587	0,0931		30
	40	459,767	1,2251	73 006,721	6458	0,009 39	4,683	0,0931		40
	50	455,261	1,2252	73 316,039	6273	0,009 38	4,780	0,0931		50
35	0	450,755	1,2254	73 625,356	6088	0,009 38	4,876	0,0931	35	0
	10	446,249	1,2256	73 934,673	5903	0,009 37	4,972	0,0931		10
	20	441,742	1,2258	74 243,991	5718	0,009 37	5,068	0,0931		20
	30	437,236	1,2260	74 553,309	5533	0,009 37	5,164	0,0931		30
	40	432,729	1,2262	74 862,627	5347	0,009 36	5,260	0,0931		40
	50	428,222	1,2264	75 171,945	5162	0,009 36	5,356	0,0931		50
36	0	423,715	1,2266	75 481,263	4977	0,009 36	5,452	0,0930	36	0
	10	419,208	1,2267	75 790,581	4792	0,009 35	5,548	0,0930		10
	20	414,701	1,2269	76 099,900	4606	0,009 35	5,644	0,0930		20
	30	410,194	1,2271	76 409,218	4421	0,009 35	5,741	0,0930		30
	40	405,686	1,2273	76 718,537	4235	0,009 34	5,837	0,0930		40
	50	401,178	1,2275	77 027,856	4050	0,009 34	5,933	0,0930		50
37	0	396,671	1,2277	77 337,175	3864	0,009 34	6,029	0,0930	37	0
	10	392,163	1,2279	77 646,494	3679	0,009 33	6,125	0,0930		10
	20	387,654	1,2281	77 955,813	3493	0,009 33	6,221	0,0930		20
	30	383,146	1,2283	78 265,133	3307	0,009 33	6,317	0,0929		30
	40	378,638	1,2284	78 574,452	3122	0,009 32	6,413	0,0929		40
	50	374,129	1,2286	78 883,772	2936	0,009 32	6,509	0,0929		50
38	0	369,620	1,2288	79 193,092	2750	0,009 32	6,605	0,0929	38	0
	10	365,112	1,2290	79 502,412	2564	0,009 31	6,701	0,0929		10
	20	360,603	1,2292	79 811,732	2379	0,009 31	6,797	0,0929		20
	30	356,093	1,2294	80 121,052	2193	0,009 31	6,893	0,0929		30
	40	351,584	1,2296	80 430,373	2007	0,009 30	6,989	0,0929		40
	50	347,075	1,2298	80 739,693	1821	0,009 30	7,085	0,0929		50
39	0	342,565	1,2299	81 049,014	1635	0,009 30	7,181	0,0928	39	0
	10	338,055	1,2301	81 358,335	1449	0,009 29	7,276	0,0928		10
	20	333,546	1,2303	81 667,656	1262	0,009 29	7,372	0,0928		20
	30	329,036	1,2305	81 976,977	1076	0,009 29	7,468	0,0928		30
	40	324,525	1,2307	82 286,298	0890	0,009 28	7,564	0,0928		40
	50	320,015	1,2309	82 595,619	0704	0,009 28	7,660	0,0928		50
40	0	315,505	1,2311	82 904,941	0517	0,009 27	7,756	0,0928	40	0
		+ 61	–	+ 62	+ 447,	+	+ 300	+		
'	"	4,510	2	309,322	187	1	0,096	0	'	"

$r_3 = - 0,000\ 14$

56°

		4,511	2	309,322	186	0	0,096	0		
'	"	r_1	r_2	h_0	h_1	h_2	n_1	n_2	'	"
		+ 61	–	+ 62	+ 44	+	+ 300	+		
40	0	315,505	1,2311	82 904,941	7,0517	0,009 27	7,756	0,0928	40	0
	10	310,994	1,2313	83 214,263	7,0331	0,009 27	7,852	0,0928		10
	20	306,483	1,2314	83 523,584	7,0145	0,009 27	7,948	0,0928		20
	30	301,972	1,2316	83 832,906	6,9958	0,009 26	8,044	0,0928		30
	40	297,461	1,2318	84 142,228	6,9772	0,009 26	8,140	0,0927		40
	50	292,950	1,2320	84 451,551	6,9585	0,009 26	8,236	0,0927		50
41	0	288,439	1,2322	84 760,873	6,9399	0,009 25	8,331	0,0927	41	0
	10	283,927	1,2324	85 070,195	6,9212	0,009 25	8,427	0,0927		10
	20	279,416	1,2326	85 379,518	6,9026	0,009 25	8,523	0,0927		20
	30	274,904	1,2328	85 688,841	6,8839	0,009 24	8,619	0,0927		30
	40	270,392	1,2329	85 998,164	6,8652	0,009 24	8,715	0,0927		40
	50	265,880	1,2331	86 307,487	6,8465	0,009 24	8,811	0,0927		50
42	0	261,368	1,2333	86 616,810	6,8279	0,009 23	8,907	0,0927	42	0
	10	256,855	1,2335	86 926,133	6,8092	0,009 23	9,002	0,0926		10
	20	252,343	1,2337	87 235,457	6,7905	0,009 23	9,098	0,0926		20
	30	247,830	1,2339	87 544,780	6,7718	0,009 22	9,194	0,0926		30
	40	243,317	1,2341	87 854,104	6,7531	0,009 22	9,290	0,0926		40
	50	238,804	1,2342	88 163,428	6,7344	0,009 22	9,386	0,0926		50
43	0	234,291	1,2344	88 472,752	6,7157	0,009 21	9,481	0,0926	43	0
	10	229,778	1,2346	88 782,076	6,6970	0,009 21	9,577	0,0926		10
	20	225,265	1,2348	89 091,400	6,6783	0,009 21	9,673	0,0926		20
	30	220,751	1,2350	89 400,725	6,6596	0,009 20	9,769	0,0926		30
	40	216,238	1,2352	89 710,049	6,6408	0,009 20	9,864	0,0925		40
	50	211,724	1,2354	90 019,374	6,6221	0,009 20	9,960	0,0925		50
44	0	207,210	1,2355	90 328,699	6,6034	0,009 19	^0,056	0,0925	44	0
	10	202,696	1,2357	90 638,024	6,5846	0,009 19	^0,152	0,0925		10
	20	198,182	1,2359	90 947,349	6,5659	0,009 19	^0,247	0,0925		20
	30	193,667	1,2361	91 256,674	6,5472	0,009 18	^0,343	0,0925		30
	40	189,153	1,2363	91 566,000	6,5284	0,009 18	^0,439	0,0925		40
	50	184,638	1,2365	91 875,325	6,5097	0,009 18	^0,534	0,0925		50
45	0	180,123	1,2367	92 184,651	6,4909	0,009 17	^0,630	0,0925	45	0
	10	175,608	1,2368	92 493,977	6,4722	0,009 17	^0,726	0,0924		10
	20	171,093	1,2370	92 803,303	6,4534	0,009 17	^0,822	0,0924		20
	30	166,578	1,2372	93 112,629	6,4346	0,009 16	^0,917	0,0924		30
	40	162,062	1,2374	93 421,955	6,4159	0,009 16	^1,013	0,0924		40
	50	157,547	1,2376	93 731,281	6,3971	0,009 15	^1,109	0,0924		50
46	0	153,031	1,2378	94 040,608	6,3783	0,009 15	^1,204	0,0924	46	0
	10	148,515	1,2380	94 349,934	6,3595	0,009 15	^1,300	0,0924		10
	20	143,999	1,2381	94 659,261	6,3407	0,009 14	^1,395	0,0924		20
	30	139,483	1,2383	94 968,588	6,3219	0,009 14	^1,491	0,0924		30
	40	134,967	1,2385	95 277,915	6,3031	0,009 14	^1,587	0,0924		40
	50	130,450	1,2387	95 587,242	6,2843	0,009 13	^1,682	0,0923		50
47	0	125,934	1,2389	95 896,570	6,2655	0,009 13	^1,778	0,0923	47	0
	10	121,417	1,2391	96 205,897	6,2467	0,009 13	^1,874	0,0923		10
	20	116,900	1,2392	96 515,225	6,2279	0,009 12	^1,969	0,0923		20
	30	112,383	1,2394	96 824,553	6,2091	0,009 12	^2,065	0,0923		30
	40	107,866	1,2396	97 133,881	6,1903	0,009 12	^2,160	0,0923		40
	50	103,349	1,2398	97 443,209	6,1714	0,009 11	^2,256	0,0923		50
48	0	098,831	1,2400	97 752,537	6,1526	0,009 11	^2,352	0,0923	48	0
	10	094,314	1,2402	98 061,865	6,1338	0,009 11	^2,447	0,0923		10
	20	089,796	1,2404	98 371,193	6,1149	0,009 10	^2,543	0,0922		20
	30	085,278	1,2405	98 680,522	6,0961	0,009 10	^2,638	0,0922		30
	40	080,760	1,2407	98 989,851	6,0772	0,009 10	^2,734	0,0922		40
	50	076,242	1,2409	99 299,180	6,0584	0,009 09	^2,829	0,0922		50
49	0	071,724	1,2411	99 608,509	6,0395	0,009 09	^2,925	0,0922	49	0
	10	067,205	1,2413	99 917,838	6,0207	0,009 09	^3,020	0,0922		10
	20	062,686	1,2415	^00 227,167	6,0018	0,009 08	^3,116	0,0922		20
	30	058,168	1,2416	^00 536,497	5,9829	0,009 08	^3,211	0,0922		30
	40	053,649	1,2418	^00 845,826	5,9641	0,009 08	^3,307	0,0922		40
	50	049,130	1,2420	^01 155,156	5,9452	0,009 07	^3,402	0,0921		50
50	0	044,611	1,2422	^01 464,486	5,9263	0,009 07	^3,498	0,0921	50	0
		+ 61	–	^+ 63	+ 44	+	^+ 301	+		
'	"	4,519	2	309,330	189	0	0,096	0	'	"

$r_3 = - 0,00014$

56°

'	"	4,520	2	309,330	189	0	0,095	0	'	"
		r_1	r_2	h_o	h_1	h_2	n_1	n_2		
		•+ 61	–	+ 63	+ 445,	+	+ 301	+		
50	0	•044,611	1,2422	01 464,486	9263	0,009 07	3,498	0,0921	50	0
	10	•040,091	1,2424	01 773,816	9074	0,009 07	3,593	0,0921		10
	20	•035,572	1,2426	02 083,146	8885	0,009 06	3,689	0,0921		20
	30	•031,052	1,2427	02 392,476	8696	0,009 06	3,784	0,0921		30
	40	•026,532	1,2429	02 701,806	8507	0,009 06	3,880	0,0921		40
	50	•022,012	1,2431	03 011,137	8318	0,009 05	3,975	0,0921		50
51	0	•017,492	1,2433	03 320,468	8129	0,009 05	4,071	0,0921	51	0
	10	•012,972	1,2435	03 629,798	7940	0,009 05	4,166	0,0921		10
	20	•008,452	1,2437	03 939,129	7751	0,009 04	4,261	0,0920		20
	30	•003,931	1,2439	04 248,460	7562	0,009 04	4,357	0,0920		30
	40	999,411	1,2440	04 557,792	7372	0,009 04	4,452	0,0920		40
	50	994,890	1,2442	04 867,123	7183	0,009 03	4,548	0,0920		50
52	0	990,369	1,2444	05 176,454	6994	0,009 03	4,643	0,0920	52	0
	10	985,848	1,2446	05 485,786	6805	0,009 02	4,739	0,0920		10
	20	981,327	1,2448	05 795,118	6615	0,009 02	4,834	0,0920		20
	30	976,805	1,2449	06 104,450	6426	0,009 02	4,929	0,0920		30
	40	972,284	1,2451	06 413,782	6236	0,009 01	5,025	0,0920		40
	50	967,762	1,2453	06 723,114	6047	0,009 01	5,120	0,0920		50
53	0	963,240	1,2455	07 032,446	5857	0,009 01	5,215	0,0919	53	0
	10	958,718	1,2457	07 341,779	5667	0,009 00	5,311	0,0919		10
	20	954,196	1,2459	07 651,111	5478	0,009 00	5,406	0,0919		20
	30	949,674	1,2460	07 960,444	5288	0,009 00	5,501	0,0919		30
	40	945,152	1,2462	08 269,777	5098	0,008 99	5,597	0,0919		40
	50	940,629	1,2464	08 579,110	4909	0,008 99	5,692	0,0919		50
54	0	936,106	1,2466	08 888,443	4719	0,008 99	5,787	0,0919	54	0
	10	931,584	1,2468	09 197,777	4529	0,008 98	5,883	0,0919		10
	20	927,061	1,2470	09 507,110	4339	0,008 98	5,978	0,0919		20
	30	922,538	1,2471	09 816,444	4149	0,008 98	6,073	0,0918		30
	40	918,014	1,2473	10 125,777	3959	0,008 97	6,169	0,0918		40
	50	913,491	1,2475	10 435,111	3769	0,008 97	6,264	0,0918		50
55	0	908,967	1,2477	10 744,445	3579	0,008 97	6,359	0,0918	55	0
	10	904,444	1,2479	11 053,779	3389	0,008 96	6,454	0,0918		10
	20	899,920	1,2481	11 363,114	3199	0,008 96	6,550	0,0918		20
	30	895,396	1,2482	11 672,448	3008	0,008 96	6,645	0,0918		30
	40	890,872	1,2484	11 981,782	2818	0,008 95	6,740	0,0918		40
	50	886,347	1,2486	12 291,117	2628	0,008 95	6,835	0,0918		50
56	0	881,823	1,2488	12 600,452	2438	0,008 95	6,931	0,0917	56	0
	10	877,298	1,2490	12 909,787	2247	0,008 94	7,026	0,0917		10
	20	872,774	1,2491	13 219,122	2057	0,008 94	7,121	0,0917		20
	30	868,249	1,2493	13 528,457	1866	0,008 94	7,216	0,0917		30
	40	863,724	1,2495	13 837,793	1676	0,008 93	7,311	0,0917		40
	50	859,199	1,2497	14 147,128	1485	0,008 93	7,407	0,0917		50
57	0	854,674	1,2499	14 456,464	1295	0,008 93	7,502	0,0917	57	0
	10	850,148	1,2501	14 765,800	1104	0,008 92	7,597	0,0917		10
	20	845,623	1,2502	15 075,136	0913	0,008 92	7,692	0,0917		20
	30	841,097	1,2504	15 384,472	0723	0,008 92	7,787	0,0916		30
	40	836,571	1,2506	15 693,808	0532	0,008 91	7,883	0,0916		40
	50	832,045	1,2508	16 003,144	0341	0,008 91	7,978	0,0916		50
58	0	827,519	1,2510	16 312,481	0150	0,008 91	8,073	0,0916	58	0
	10	822,993	1,2511	16 621,817	•9960	0,008 90	8,168	0,0916		10
	20	818,466	1,2513	16 931,154	•9769	0,008 90	8,263	0,0916		20
	30	813,939	1,2515	17 240,491	•9578	0,008 90	8,358	0,0916		30
	40	809,413	1,2517	17 549,828	•9387	0,008 89	8,453	0,0916		40
	50	804,886	1,2519	17 859,165	•9196	0,008 89	8,548	0,0916		50
59	0	800,359	1,2520	18 168,502	•9005	0,008 89	8,644	0,0915	59	0
	10	795,832	1,2522	18 477,840	•8813	0,008 88	8,739	0,0915		10
	20	791,304	1,2524	18 787,177	•8622	0,008 88	8,834	0,0915		20
	30	786,777	1,2526	19 096,515	•8431	0,008 87	8,929	0,0915		30
	40	782,249	1,2528	19 405,853	•8240	0,008 87	9,024	0,0915		40
	50	777,722	1,2529	19 715,191	•8049	0,008 87	9,119	0,0915		50
60	0	773,194	1,2531	20 024,529	•7857	0,008 86	9,214	0,0915	60	0
		+ 60	–	+ 63	•+ 444,	+	+ 301	+		
'	"	4,528	2	309,338	192	1	0,095	0	'	"

r_3 = – 0,000 13

B	m_1		m_2	B	m_1		m_2
	+ 0,0000		0,0000 0000		+ 0,0000		0,0000 0000
45°00'	7641 1	44 6	+ 09 2	51°00'	6048 2	43 5	− 07 1
10	7596 5	44 6	+ 08 6	10	6004 7	43 5	− 07 5
20	7551 9	44 6	+ 08 1	20	5961 2	43 5	− 07 8
30	7507 3	44 6	+ 07 5	30	5917 7	43 3	− 08 1
40	7462 7	44 6	+ 07 0	40	5874 4	43 3	− 08 5
50	7418 1	44 5	+ 06 5	50	5831 1	43 3	− 08 8
46°00'	7373 6	44 6	+ 05 9	52°00'	5787 8	43 1	− 09 1
10	7329 0	44 5	+ 05 4	10	5744 7	43 1	− 09 4
20	7284 5	44 6	+ 04 9	20	5701 6	43 1	− 09 7
30	7239 9	44 5	+ 04 4	30	5658 5	43 0	− 10 0
40	7195 4	44 5	+ 03 9	40	5615 5	42 9	− 10 3
50	7150 9	44 5	+ 03 4	50	5572 6	42 8	− 10 5
47°00'	7106 4	44 5	+ 02 9	53°00'	5529 8	42 8	− 10 8
10	7061 9	44 4	+ 02 4	10	5487 0	42 6	− 11 1
20	7017 5	44 4	+ 01 9	20	5444 4	42 7	− 11 3
30	6973 1	44 4	+ 01 4	30	5401 7	42 5	− 11 6
40	6928 7	44 4	+ 01 0	40	5359 2	42 4	− 11 8
50	6884 3	44 3	+ 00 5	50	5316 8	42 4	− 12 1
48°00'	6840 0	44 3	± 00 0	54°00'	5274 4	·2 3	− 12 3
10	6795 7	44 3	− 00 4	10	5232 1	42 2	− 12 5
20	6751 4	44 3	− 00 9	20	5189 9	42 1	− 12 8
30	6707 1	44 2	− 01 3	30	5147 8	42 1	− 13 0
40	6662 9	44 2	− 01 7	40	5105 7	41 9	− 13 2
50	6618 7	44 1	− 02 2	50	5063 8	41 9	− 13 4
49°00'	6574 6	44 1	− 02 6	55°00'	5021 9	41 8	− 13 6
10	6530 5	44 1	− 03 0	10	4980 1	41 6	− 13 8
20	6486 4	44 0	− 03 4	20	4938 5	41 6	− 14 0
30	6442 4	44 0	− 03 8	30	4896 9	41 5	− 14 2
40	6398 4	44 0	− 04 2	40	4855 4	41 4	− 14 4
50	6354 4	43 8	− 04 6	50	4814 0	41 3	− 14 5
50°00'	6310 6	43 9	− 05 0	56°00'	4772 7	41 2	− 14 7
10	6266 7	43 8	− 05 3	10	4731 5	41 1	− 14 9
20	6222 9	43 8	− 05 7	20	4690 4	41 0	− 15 0
30	6179 1	43 7	− 06 1	30	4649 4	40 9	− 15 2
40	6135 4	43 6	− 06 4	40	4608 5	40 8	− 15 3
50	6091 8	43 6	− 06 8	50	4567 7	40 7	− 15 5
51°00'	6048 2		− 07 1	57°00'	4527 0		− 15 6

FSC
www.fsc.org
MIX
Papier | Fördert
gute Waldnutzung
FSC® C083411

Kolibri 360 GmbH
Ferdinand-Jühlke-Straße 7
99095 Erfurt, Deutschland
produktsicherheit@kolibri360.de